剥夺 与 馈赠

尚秋 著

青岛出版集团 ｜ 青岛出版社

▲ 2000 年，我开始用嘴衔着毛笔练字

目　录

万物皆有裂痕

尚秋请我给她的新书写序的时候，我很惊讶。

惊讶是因为，我觉得自己只是一个航海人，风里来浪里去，自己写本书都费劲，写的还都是自己亲身经历的不吐不快的故事，算不得有什么深厚的文学修养。我原本想推辞，可她在一个下午和朋友穿过了整座城市，来到我住的地方，很认真地拜托我。我看着她空空的衣袖和亮晶晶的眼睛，一时竟说不出推辞的话了。我何德何能，受她信任至此。

因为同在青岛，我听说她的故事已经有数年的时间。我们有很多共同的朋友，我也曾经在台下观看过她用口书的方式绘画、写字。那个时候的她穿着一身传统旗袍，落落大方。聚光灯下，她用嘴衔着一支笔从容挥墨，顷刻便成，字也俊秀，画也传神。我难以想象命运曾经给过她怎样的磨砺，又是一份怎样的勇气让她从碎片中顽强地开出花来。在她恬静的脸上，我看到了动人的坚强和乐观。

于是我走进了她手稿中的故事，跟随着她的记忆，和她一起经历痛苦、挫败、迷惘、寻找，看着她凭借自己的顽强一点点地拨开荆棘，蹚出一条属于自己的路，迎来了爱情和爱情的结晶。这个世界上有过很多伟大的文学作品，然而，再了不起的作品都不如身边平凡人真实的故事那般能更直接地激励我们，都抵不过一个活生生的人，带给我们的那种真切的震撼。

我曾经在真实的汪洋中体会过自然的力量，我们的那条小船在七八米的巨浪之间几乎失去了控制，夜黑风高，当时我们没有人知道自己还能不能看到第二天的太阳。等到风浪停息的时候，有个新船员告诉我，她当时真的好怕啊，害怕到自己脑子里的小人一直对自己说，要下到船舱里面去躲一会儿，可是两条腿却完全不听使唤。她问我："你怕吗？"我想，我也怕呀，但那个时候的我还在拼命地思考，我还能再为这条船做点儿什么。一向胆小的我，在被逼向绝路的时候，竟然可以迸发出置之死地而后生的勇气，直面滔天的风浪。

我想，尚秋也是一样的。从某种意义上来说，我们每个人虽然都航行在不同的海洋上，却都是自己人生的舵手。面对不可抗拒的命运时，我们改变不了风浪，却可以决定自己的态度和方向。

我常常觉得，我们的一生就像是坐在考场里写试卷。虽然每个人的试题都不同，但试卷并没有什么标准答案，所以我们无须去和任何人攀比。最重要的是，我们用什么样的态度去回答。毫无疑问，尚秋收到了一份格外难的试卷，但是，她的精神让我充满了敬意。我想，带着那份恬静的笑容，带着那份勇敢和乐观，带着那份对生命的不断觉知和学习，她一定会继续幸福地生活下去。而我们每个人，都会被她的故事鼓舞。

就像我最喜欢的一句哲文所说的：

"万物皆有裂痕，那是光透进来的地方。"

中国女子帆船环球航海第一人　宋坤

2024 年 2 月 17 日于青岛

▲如今，我"长"出了一双隐形的翅膀

独立的人生最可爱

我是个有故事的人。

甘肃省陇南市宕昌县南河小学的一个男孩，在第一次参加演讲比赛时讲述了我的故事，就获得了一等奖。我作为山东省青岛市玫瑰基金的一个志愿者，曾去陇南市捐赠图书，并为那里的学校做了六场演讲，他是思想受到触动的孩子们中的一个。知道他获奖的消息后，我太开心了，因为我觉得，自己给他带来的，已经不只是感动和情绪价值，还有认知上的提升和行动上的促进。我相信这才是我的使命。那些止于表面的感动，从未带给我任何的成就感。

人们看到我，第一反应往往是惊异、惶然，或是同情。而在听说我是"口书画家"，尤其是现场看到我写字后，很多人的眼神中又充满了敬佩，甚至是崇拜。在所有的反应中，我最怕的是同情。在人们同情的眼光里，我看到的是自己的虚弱，而那并不是我喜欢的模样。我最希望看到的其实是尊重——淡淡的、温暖的、恰如其分的尊重。那意味着，我是个正常人，正常的书写者，正常的老师，正常的妈妈。我和别人唯一的不同，只是少了一对胳膊而已，而芸芸众生，谁和谁又是完全一样的呢？

我已经带着这点不同生活了二十多年了。在这个过程中，我有了因爱牵手的程教官，组建了自己的小家庭，并且儿女双全。

我女儿是个天生的乐天派，不怕生，不怯场，人小鬼大，嘴甜心细，是典型的"社牛"。在她两三岁、稍微懂点儿事的时候，我跟她说，我不能像别的妈妈那样拥抱她，觉得很遗憾。她带着江湖女侠般的淡定和潇洒说："没关系，我可以抱你呀！"

我去幼儿园接儿子的时候，常常看到别的家长张开双臂，等着他们的孩子飞扑过来。而我蹲下来时，我的儿子也会雀跃地飞奔过来，然后紧紧地抱住我的脖子，拉着我的衣袖回家，面对别人异样的目光，他没有半点儿尴尬和不快。

一路走来，尽管经历了千辛万苦，尽管走过了许多沟沟坎坎，但现在的我过上了正常的生活，有自己的事业，有稳定的家庭，有互敬互爱的丈夫和一对健康可爱的儿女。我的父母完全不用为我的生活担忧，我的儿女完全不认为他们的妈妈少给了他们什么。不卑微，不依附，不骄矜，不虚假，作为一个人，一个女人，我活得无比坦然自在。

我写这本书，既不是因为自己成功，也不是因为自己悲惨，而是因为，作为一个女人，一个失去双臂的女人，我希望用自己的经历和感悟，给暂时失意或者有无力感的女性一些力量，以及一些摆脱困境的方法。我不想贩卖苦难，因为与真正苦难的人相比，我觉得自己要幸运得多。但是，我也确实在困境中付出了常人难以想象的努力，也曾经不止一次陷入精神低落的泥潭，在一次次的挣扎中，几入穷巷，又绝处逢生。

终其一生，我所有的努力，都是为了做一个完整的人，一个心智成熟、情绪稳定、独立且自洽的人。

而现在从身体到心灵，我都是一个独立的人。我曾经依赖妈妈，依赖丈夫，而现在，我摆脱了一些内在的消耗和对亲密关系的迷茫，内心生出了温暖和力量，渴望能为社会创造一些价值。

我曾无数次在梦里看到自己长出了翅膀，飞越山河，飞过田野，飞向心灵的花园，飞向生命的高处。

我期待通过这本书，与相遇的每一位女性朋友，一起珍爱，一起绽放。

尚秋

一 人生的意外

用力活着，就是我
这一生的意义。

第一章
瞬间失去

我没有呼天抢地地哭，我甚至表现得很平静，但这种平静在很大程度上是一种空洞。原来悲伤过度的时候，任何感情的起伏都成了矫情。

定格

我至今还清晰地记得我苏醒过来的那一幕：周围很安静，房间里的灯亮着，白色的光有些晃眼，我努力地眨眼适应着……这是哪儿？我怎么睡在这里了？这时，母亲的脸出现在我的视野里，虽然背着光，但是看起来很清晰。她轻手轻脚地扶我坐了起来，我开始打量这个陌生的房间：白色的墙，白色的床，外面一片漆黑，玻璃窗没拉窗帘，就像一面光亮的镜子。我想应该是深夜了。突然，我看见玻璃窗上清晰地映出了一个女孩的身影，那个女孩穿着短袖，袖口处却什么都没有！那个女孩怎么跟我长得那么像？！我迅速转过头，睁大眼睛盯着母亲的脸，却看到母亲眼中的泪水开始慢慢滑落。她一把把我搂在怀里，说："有妈妈在，你什么都不用怕，妈妈会照顾你一辈子……"我的脑袋嗡的一声"宕机"了。没有双臂的阻隔，我被母亲勒得有点儿喘不过气来。我努力抬起头，问妈妈："我这是怎么了？"母亲抽泣着跟我讲，我为了捡羽毛球，爬上砖堆后触到了高压电，双臂被烧焦了，辗转了很多家医院，结果那些医院都不肯收治我，最后我被送到了在成都的中国人民解放军西部战区总医院。她说我已经在医院昏迷了十五天，历经了两次大手术，今天才终于醒过来了。

"你怎么会去捡那个羽毛球呢？一个羽毛球才值几个钱啊，你看你现在……那可是高压电啊，十一万伏的高压电啊！……"母亲越说越激动，捶胸顿足，但是我只觉得她的声音离我越来越远，最后什么都听不到了，周围的一切也变得不真实，我仿佛进入了幻境，一度以为自己是在做梦。随着身体开始感到虚弱、疲惫，在迷迷糊糊中，母亲的声音又慢慢回来了。

"我让医生把我的双手给你接上，医生说不行。你说你，你简直要了妈妈的命啊！"母亲说着说着又抽泣起来。

高压电？！我触电了？！我眼前开始浮现出那个过道、那个天台和那堆砖头。我一遍遍地回忆，却只能回想起那些，后面发生的事情我一点儿印象都没有。想想也挺可笑的，如果有印象的话，我大概也不会出现在这里了。我慢慢躺下，闭上眼，睡意瞬间袭来。

天亮了，我坐在医院六楼的烧伤科病床上，再次透过窗户向外望去。九月本该有着初秋的清爽与舒适，此时天空却氤氲着乌云和雾气，太阳被挡在了后面，燥热却丝毫不减。不远处有一栋灰色的旧楼，斑驳的墙面上布满了尘土。一棵高大的泡桐树把叶子送过楼顶，叶片随着秋天的到来渐渐失去了水分，显得有些枯萎。树上的枝丫费劲地伸展着，想撑开一把大伞，为那些比它更干裂的灰瓦遮挡些什么，试图改变灰瓦快要粉碎的命运。

命运？！我以前是不相信命运的。结果，命运就用这种方式向我证明了它的存在，真是半点儿不由人。

"前世"

在十七岁的花季时，我也是个懵懂的少女。在天府蜀地无边的田野里，在秀美的景色中，我常看花开花落，观云卷云舒，放飞思绪，憧憬未来。历经春耕秋收，在季节更替的惊喜与期盼中，日复一日，年复一年。在登高望远、俯瞰旷野时，我好像一伸手就可以触摸到大地生命的脉搏。

蜀地灵秀，历史中蕴藏着颇多有趣的人文故事。蜀地人听惯了风月，看惯了美景。这里既有"细雨鱼儿出，微风燕子斜"的闲适，又有"连峰去天不盈尺，枯松倒挂倚绝壁"的险峻。那些万古长青的文人轶事，都被雕刻在历史长廊中。家乡山高水长，四季分明，时时处处都有着峰回路转的美好。自小，我就喜欢在田野里跑来跑去，四川人的乐天豁达早就成了我骨子里流淌的印记。

我的家乡有个好听的名字，叫雁江（雁江区隶属四川省资阳市），一种说法是因每年都有大雁旅居于此而得名。流经雁江的沱江是长江的分支，跟主干道湍急壮阔的江水相比，沱江要温和得多，它舒缓地滋润着两岸的田地。我觉得有水的地方总是格外地有灵气，被云霞染红的水草，欢快穿梭的游鱼，倒映在水中的新柳……这些都是我小时候百看不厌的风景。

农家的日子虽然清贫却也简单和惬意。外面的世界再大，仿佛都与这儿毫无关系。日出而作，日落而息，天天跟泥巴打交道，时间一长，人自然也变得厚道了。记忆中，我们家一开始是住在有些破败的土坯房里的，家里光线昏暗，墙面和家具都很陈旧。那时候最怕下雨天，因为简陋的屋子容易漏雨，一到下雨天，家里就成了水帘洞。尤其是半夜，因为应对不及，常常是外面电闪雷鸣下着大雨，屋里淅淅沥沥地下着小雨。但父母总有办法保护我和弟弟，我们俩几乎淋不到半点儿雨，可以安心踏实地睡到天明。

后来，父母请人将老屋重新修缮一番。房屋背北朝南，卧房、堂屋、灶屋一字排开。为了方便晾晒粮食，门外用水泥铺了走廊和院子。修缮后的房子没有院墙和偏房，从屋里推开门，眼前就是大自然，视野开阔，房后有一大片高高的竹林，我们的房屋掩映其中，冬暖夏凉。

蜀地的农居大多如此。夜深人静，竹子蹿个儿，噼噼啪啪的拔节声是我听惯了的催眠曲。我每次放学回家，翻过两座山头，隔老远就能看见成片的竹林和袅袅炊烟……这样的场景如今依然经常出现在我的梦里，令我无法忘怀。

家与回家那条路

高二那年，父亲在外打工，因包工头卷钱跑路，他应得的工资遥遥无期。家里的生活陷入了更加困难的境地，我和弟弟的学费也没了着落。母亲焦急万分地想方设法去借钱，但是因为原本就有旧债，周围的人也确实都不宽裕，所以没人愿意再借钱给我们。经过再三考虑，我选择了辍学，起码这样会让家里减少一些经济压力。这是身为长女的无奈，也是我应该承担的责任。我为此心里惆怅了好久，常常一个人围着周围的山转来转去，穿梭在比我高出许多的玉米地里，游来荡去地消化着自己的难过和迷茫。后来我暗下决心，告诉自己不能放弃读书，家里没钱没关系，我可以靠自己打工攒钱再继续完成学业。哪怕没有办法跟其他同龄人一样，安心地坐在课堂里听老师讲课，我也可以靠自学来完成学业。

怀揣着这样的希望，辍学后不久，在表姐的帮助下，我在城里有了第一份工作，在一个火锅店老板的家里给他的三个孩子当保姆兼家庭教师。

那是我第一次离开家乡，为了心中那个简单而纯粹的梦想，年少的我顾不上留恋，背上行囊即刻出发。

因为心意已定，所以我对现状也就没了怨怼。每天的生活变得平淡且毫无波澜，我按部就班地处理着老板交代的各种家庭琐事，用双手和时间换取自己应得的报酬。

干满一个月后，我顺利地领到了工钱。从那以后，我更加坚信可以靠双手实现自己的愿望。我迫不及待地想和妈妈分享心中的喜悦，于是请了假，回了一趟家。

那时正值九月初，午后炙热的阳光烘烤着大地，很晃眼，路面上蒸腾着一层暑气。踏上熟悉的山路，我心里顿感踏实、轻松了许多，登上山岭，远远就看见母亲独自在山坡上翻地，弟弟此刻应该还没有放学。水稻已经被收割了，稻田空旷了，露出层层梯田，往常平滑整齐的田埂上填满了深深浅浅的脚印，我能想象得出人们收稻子时的忙碌场景。一切似乎都是原来的样子，但在我眼中，一切都更加亲切可爱了。

我从山上飞快地跑到山下，在梯田窄窄的堤坝上冲刺，似一匹脱缰的马，无拘无束地驰骋在自己钟爱的田野上，心里是从未有过的愉悦、轻松与自由。离家之前，这里还是一片片郁郁葱葱的稻田，沉甸甸的稻穗已经开始弯下腰，一看就是个丰收的好年景。如今翻出来的紫褐色泥土赢得了片刻的喘息，散发出独特的味道，这是我最熟悉的泥土气息，我的根之所在。

其实，长久以来，我总觉得故乡的土地就是我最大的能量和养分来源。这些年，不管走多远，这方水土曾赋予我的那些精神和力量，都一直在滋养着我。

好像家人都喜欢念叨，我母亲也不例外。回家的当天晚上，我们俩躺着聊天，她不停地跟我说这说那，似乎要将这分开的一个多月中发生的事情一件件地讲给我听，生怕我错过了什么。

我想，或许是因为我们都很少表达感情，羞于把内心真正想说的话讲给对方，母亲才用另一种絮絮叨叨的方式来表达关心。她说今年的稻子收成很好，说今年的鸡和猪也都长得很好，家里一切都好，就是现在还没钱。母亲还说，父亲在外面跑了几个月了，工钱仍然一点儿消息也没有。刚收完稻子，稻田还是软的，要趁早翻过来晒晒，这样明年才会有更好的收成……说着说着，母亲就睡着了。

闻着被窝里的泥土和汗酸味，我也迷迷糊糊地睡着了。

这一年，母亲四十岁，我十七岁，弟弟十二岁。

回城的那天，下着小雨。

初秋的雨，淅淅沥沥，带着秋天独有的清冷。近处的房子、远处的山都笼罩在这朦朦胧胧的云烟雨雾里，潮湿的空气中夹杂着微微的凉意。因为是周末，路上更显拥堵。下了车，我下意识地搂紧了怀里的书包，硬实、方正，心里一松，长舒了一口气，书包里装着从家里带回来的我的高中课本。

这一瞬间，我的心是那么踏实、笃定，在周围一片昏暗苍茫中，安静地跳动着。

一个人的时候，我经常会怀念在学校里的时光。倘若还有机会，我多想再回到学校去，即便是课业压力很大的高中，也是我最向往的地方。

十七岁，原本就应该是为功课绞尽脑汁、为升学踌躇满志又忐忑惶恐的年纪呀！

尽管此刻还看不清楚未来，但我坚信，总有一天，我会到达想去的彼岸。只要开始，就有希望。只要努力，就有收获。

纸牌的预言

在这个陌生的地方，我没有交到一个可以称得上是朋友的人。也许小李算一个？我在脑海中过滤了一遍所有在这座城市里遇到过的人，小李好像算最熟悉的一个。

跟小李的初识其实蛮有意思。那时我刚到城里不久，对好多事都稀里糊涂地摸不着门道。有一次，老板的母亲嘱咐我给老板打电话，我按照她给的号码打过去，结果听到的是一个陌生的年轻男人的声音。我以为自己打错了，连忙将电话挂断，后来对方打过来，笑嘻嘻地跟我解释说自己是饭店的服务员小李。

我偶尔会去老板的饭店里，跟小李也渐渐熟悉了。我们有时候也会聊聊家常，谈谈各自的工作和理想。小李会用纸牌算命，大家经常闹着让他算。他也给我算过，他说从纸牌上看，我心灵但手不巧，以后会找一个跟自己一样穷的男朋友。我半羞半恼地说："算得不准！"那时我心里也确实是不认同的。我明明是个手很巧的姑娘嘛，我会补衣裳，会钉扣子，会织手套和围巾，甚至还会用麦秸做小手工，比如编蝈蝈儿笼子。

不仅如此，我的厨艺也不错。从八岁开始，我就可以一个人做饭了。一个小时的时间，我就可以做到三菜一汤端上桌，并且保证色香味俱全，我还因此受到过长辈们的不少称赞。至于男朋友嘛，穷倒不怕，只要有上进心、有能力就行。想到小李的"判词"，我在心里这么嘀咕着，并不以为然。

1999年9月19日，那天是个星期天。上午，我像往常一样，给孩子们准备好早饭，陪他们吃完，然后张罗着让他们做家庭作业。我一边看着他们写作业，一边想着自己的心事。小孩子天性好动，没写完作业就要求出去玩。也许我应该坚持不答应，但拗不过几个孩子叽叽喳喳地请求，看着他们向往快乐的小脸，我下不了狠心拒绝，便答应他们，并规定只能在楼下打打羽毛球。

　　我的话音未落，几个孩子拿起早就准备好的球拍，噌的一声就冲到楼下去了。待我追下了楼，他们早就开始打球了。到底还是孩子，虽然个个热情高涨，但无奈球艺不佳，才打了三两下，羽毛球就被打到了天台。

　　那是两座楼之间的一个小天台，不算高，墙脚那儿恰巧有一堆砖头。只要踩上砖堆，爬上天台没啥困难。

　　看着几个孩子祈求的眼神，想着在他们面前我毕竟还算个大人，我掂量了一下高度，决定试一试。我爬上砖堆，顾不上喘口气，就赶紧伸手去攀墙，想着先攀着墙头站稳，再爬上天台去捡球，然后……就没有然后了。

　　谁也不会料到，就是这样一个简单的伸手动作，却改变了我的一生。小李用纸牌算出的"判词"就这样莫名其妙地应验了。"心灵手不巧"，一个明晃晃的事实啊！

"今生"

记忆的画面永久地定格在我伸手的那一刻，没有疼痛，却成了我好久好久之后不停回望却依然不敢直视的梦魇。

如果不是，如果没有，如果……

可惜，没有如果。

"这都是你的命。"母亲这样说。"这就是我的命。"我也对自己说。

我和母亲坐在花坛边上，这是一个医院里少有的很雅静的地方，有水池、假山、草地、大树等，艳丽的月季花也在盛开着。垃圾桶是陶瓷做的，造型有熊猫抱竹、青蛙张嘴、长颈鹿……

远远地，一位阿姨推着一个轮椅迎面走来。轮椅上坐着一个二十出头的青年，乍一看，不像是有什么大碍的人。走近细看，才觉出整个人的状态都不对，面无表情，萎靡不振，看上去特别无力。

"这是您儿子吗？"母亲问。

"哪里哟，这个人是个军人，受了伤。我是护理他的！"

说完，便低下头，大声问："刚刚我们转了几

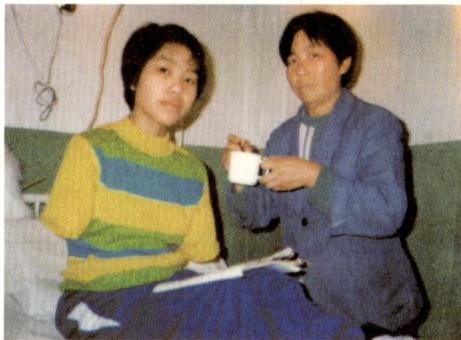
▲在医院治疗时，母亲喂我吃药

圈了？"

轮椅上的人却连眼珠都没有转一下。

阿姨抬起头，对我们说道："平时他还是有点儿反应的……"

也许是因为人多，也许是因为我们的眼神中带着些许期待，阿姨又大声地问了一遍："几圈，快说噻——！"她故意夸张地拖长了她的成都腔。时间仿佛在此刻静止了，三道饱含着希望和期待的目光齐刷刷地望向轮椅上的人。不知道是不是有了心灵感应，大概一分钟后，他终于吃力地、缓缓地抬起了右手，伸出三根手指头，他的手在空中停了两秒，又垂下去了。我们看着他的一举一动，既感动又悲伤——三圈，他想说三圈！

看他终于有了反应，阿姨露出了欣慰的笑容，望向他的目光中透着几分怜爱。阿姨对我们说："就这个样子都比以前强多了，以前根本没反应！他这么大的个子，有时候拉都拉不动他，实在太沉了！五年了……"

阿姨边说边摇着头，推着轮椅从我们身边走过去了，轮椅上的人依旧面无表情。看着他们渐行渐远的背影，我的心似乎被什么东西撞了一下，有微微的震颤回荡在胸膛。

"唉——他比你还严重……"母亲发出一声长长的叹息，又赶紧收住了，望向我，想说些什么，但看到我拒绝的神情，最终没有发出声来。我不高兴地起身就走，沿着假山旁边的小路往前走，穿过住院部的大厅，径直冲进电梯，一心只想尽快回到病房。一路上，母亲在后面远远地跟着。

病房像一个能将我与外界隔绝开来的保护壳，我可以缩在里面休息、思考、舔舐伤口。

也许一个人的时候，更容易看到时间，更容易看见自己的身影。我蜷缩在白色的病房、白色的病床、白色的被褥里，脆弱而渺小，只能独自去承担这突如其来的变故，去直面自己的新形象。

我也曾不止一次地抱怨人生，既后悔，又愤怒。但今天，我亲眼看到了一个比我条件更好，际遇却比我更遭的人。如今的他连抱怨的机会都没有。我不禁感叹生命是如此难得，又是如此脆弱。

我把无处宣泄的情绪全都洒向和我最近、最亲的人——我的母亲，她小心翼翼地对待着已经濒临崩溃的我，但她的小心翼翼只能让我更加烦躁。那时我不曾意识到孩子这样的伤痛对母亲而言意味着什么。母亲多次哽咽着说："我多想代你受这份苦，我多想把我的双臂换给你啊！"我却只当她是用这话来安慰我。

直到多年以后，我自己成为一个母亲，有了自己的孩子，我才清晰地感受到，那种想要代孩子受苦的心情是真实的，是发自内心的。

弟弟说："我养活你！"

我在医院住了八十多天，母亲一直陪着我，父亲在家筹治疗费和照顾弟弟。

医院离家有二百多公里，国庆节放假的时候父亲带着弟弟来医院看我。当时弟弟才十二岁，刚上初一，个子比同龄的孩子要矮许多。他低着头走进病房，皮肤黑黑的，穿一件洗得发白的灰色中山装和一条黑色的裤子，瘦小的身体缩在里面，显得衣服有些肥大，脚上是一双同样有些肥大的塑胶仿皮鞋。他进来后便直直地站在我床边。我让他坐下，他也不坐，很久之后，他才用低沉的声音问："姐，你还疼不疼？"我说不疼了。他深吸了一口气，望向地面，说："姐，你知道吗？爸爸把家里的鸡和猪都卖了，把那个很旧的黑白电视机卖了，玉米和麦子也卖了，值钱的东西几乎都卖了。下学期我可能也读不成书了，不过我已经想好了，我不读了，我要出去挣钱。姐，以后我来养活你！"

　　弟弟走了后，我直愣愣地躺在病床上，头都不能扭动一下，因为颈部那儿有个留置针，我还在继续输液。望着病房的天花板，我的心里百感交集，情不自禁地泪流满面……十七岁，一夜之间失去了双臂，我就这样跌进了万丈深渊。不单我所有的梦想破灭了，我年幼的弟弟也即将面临辍学。十二岁的他似乎一夜之间被迫长大，面对家庭困境，试图用自己瘦弱的肩膀担负起男子汉的责任。

　　父亲晚婚，三十四岁的时候才有了我，对我很是疼爱，也对我寄予很大的期望。后来听村里人说，我出事以后，父亲一个月都没说过几句话，所有的亲戚都为他捏把汗，甚至找人小心翼翼地看着他。那时的我，根本顾不上身边的家人，也无法体会他们的内心感受，更不知道我的事故给他们的人生带来了怎样的改变，造成了多大的影响。我沉浸在自己的痛苦中，苦苦挣扎。

三个女兵

住院期间，我每天都要下楼晒晒太阳、换换气，据说这样康复得快。那时我想，胳膊又不可能再长出来，还谈什么康复。不过，我还是遵照医生的嘱咐，每天都去院子里转转。

这天回到烧伤科，我看到病房门口站着三个女兵。在这里见到军人并不奇怪，因为这里是军区医院，部队的官兵经常进进出出的，有训练伤者康复的，有照顾战友的……连医生、护士的白大褂里面，穿的也都是清一色的军装。不过眼前这三个女兵似乎有点儿特别，很年轻，很引人注目，她们会是谁家的亲戚吗？

"哟，你们是哪个病人的亲戚啊？"过道上来来往往的病人和家属都主动地和她们打着招呼，充满了善意。我也有些好奇，烧伤科最近并没有什么新来的病人，会是来看谁的呢？

反正不会是来看我的，我有些自嘲地想，低着头继续往前走。

"仕春！你还认得出我们吗？"

听到熟悉的声音，我猛地抬起了头。天哪！站在面前的居然是我的同学，燕子和小英，还有一个我不认识。

"你们——，你们怎么来了？"眼前的她们穿着帅气的军装，从头到脚都是好看的橄榄绿，显得人很精神、干练，英气逼人中还带点儿女孩独有的柔美。看我一脸的疑惑，燕子笑着介绍道："这个是我的同学小青，我们都在不远的医学院上学。"

她顿了一下，接着说道："昨天给家里打电话，爸爸告诉我，说你和大娘在这……所以，我们来看看你。"燕子小心地组织着自己的措辞。

十八岁的她穿着军装，英姿飒爽，跟我从电视里看到的女兵一样。

燕子从小跟我一起长大，我们一起玩闹，一起念书，可是现在……看着眼前三个朝气蓬勃、健康美丽的少女，我的鼻子一阵酸楚，泪水瞬间涌出，模糊了视线，我什么都看不清了，一头扎进被子里，试图用厚厚的棉被堵住奔涌的泪水，压住即将冲出来的哭声，但是那股巨大的悲伤从心底喷涌而出，如同滔滔的沱江水一样，一泻千里，无法收回……

这一刻一切好像都变了，从前的我是绝对不会在她们面前哭的。我跟她们一起跳绳、一起打沙包时，从来都不肯认输，如果我输了就必须再来，直到我赢了为止。从小好强的我，不但不会受到其他小孩的欺负，还会帮助哭着来找我帮忙的她们解决问题，比如哪个男生又抓她们头发了，抢她们文具了，欺负她们了……我总是一马当先地去跟那帮臭小子讨公道，末了，还要双手掐腰，装作恶狠狠的样子吼他们，让他们下不为例。

可现在的我呢，做什么事都要别人帮忙，情绪也变得敏感、软弱、易怒、暴躁，看一切都不顺眼。

母亲的饭票

许是因为心里持续的压抑缓解不了，我总是无端生气，特别在意别人的看法，觉得母亲的很多做法都让我难为情。为了省钱，母亲会用军人们送的饭票去打饭，自尊心超强的我不愿意这样，就冲她发火，结果弄得周围人尽皆知，大家纷纷来劝我。

"军人的饭分量多，他们吃不了，分给你母亲的，不要紧。"

"你妈没有丢人，这么做才不会浪费啊，我们都觉得没什么，挺好的。"

……

诸如此类的安慰，并没有让我改变观点。母亲委屈地站在一旁，面对我冷着脸的沉默。那时候我还不能完全理解母亲的举动，只知道用我的"不讲理"，固执地捍卫自己的"尊严"。我深信"人穷志气高"，别人的东西再好，也始终是别人的，自己想要什么，要靠自己的能力去获得。其实，我有这种想法也是受母亲的影响。

处在人生的绝境，我的内心拒绝所有的同情，无论是恶意的还是善意的。我不想被人看不起，更不想被人怜悯，同情和怜悯，于我而言就是一种羞辱。母亲接受了不属于自己的饭票，就是接受了别人的同情，这让我觉得全世界的人都在嘲笑我、可怜我。

因为，我再也不是从前的我了，一切都不一样了。

我没有呼天抢地，因为哭已经没有任何意义。我甚至表现得很平静，但这种平静在很大程度上是一种空洞。我心里的空洞深不见底，再多的悲伤或者难过都会滑向深渊，激不起一点儿涟漪。原来，悲伤过度的时候，任何感情的起伏都成了矫情。

不知道怎么表达，也就不需要他人的安慰。但我只是无法接受，不想承认。我不敢相信，也不能接受自己已经没有双臂的事实，所以根本没有去思考什么人生的意义或者其他道理。我觉得自己的人生变成了空白的，我陷入了麻木、茫然的境地。

沉默的对抗

我以沉默对抗现实，以沉默对抗无法改变的现在。

我的生活停滞了，但停滞的只是我一个人的生活，其他人的生活一切照旧。高中同学张红代表全班来医院看我，看到昔日的好友，我恍如隔世。他的突然出现，让我已经封闭了的内心又裂出一点点的缝隙来，我从那里窥见了过去的高中生活，以及那些一去不返的美好时光。我不想哭，可是眼睛一热，眼泪就像断了线的珠子不停滚落。他们都还好好的，而我却不一样了。

以前我喜欢打篮球，在学校篮球队担任后卫；喜欢跑步，在学校的运动会上夺得过八百米冠军。张红是班里的体育委员，我们交情很好，每次他跟其他班级打友谊赛，我总会去呐喊助威。

我出事的消息传到学校，语文老师郭秀清组织了全班同学捐款，张红代表全班同学带来了同学们为我凑的四百多块钱和一本同学寄语。张红也没来过几次成都，带他过来的是一个对这里很熟悉的男生。我和张红说话的时候，看到这个男生一直在后面悄悄抹眼泪。后来我才知道，他是三班的凌永佳，因为父母都在这里打工，每到假期他都会来成都和父母团聚，所以对这里比较熟悉，主动表示给张红带路。

张红一字一句地给我念同学们写的话。我看着他，听着这些朴素动人又美好殷切的祝愿，内心竟然毫无波澜，因为我觉得这些文字已不属于我的世界，所以对我来说毫无意义。他们的情谊依旧，而曾经的刘仕春已不复存在。按理说，从死亡边缘上走过一遭又回来的人，对真挚的祝福应该是欣然接受或者感激涕零的，可我却这样无动于衷，拒他们于千里之外。开始我也纳闷，后来想想，这其实是一种自我保护，我只想尽可能地远离他们，避免回忆，避免对比和参照。

远离，是为了减轻自己的痛苦。

不经变故，不懂人情世故。因为治疗费的事情，我深深地体会到了世态炎凉。

由于我在医院抢救，需要大量的治疗费，母亲去求助过我的三爷爷，父亲赶回来后，也去求助了三爷爷。三爷爷算是我们家族里能主事的长辈，他做主让堂叔帮助父亲联系理赔事宜。在我触电后躺在急救室里命悬一线，急需救命钱的时候，当时的资阳市市长亲自发话，让相关单位立即凑出了用于抢救的七万八千元治疗费，这雪中送炭的钱让我们一家人感动不已。这些救命钱的管理也由堂叔负责，不过钱最终是如何用完的，我们就不得而知了，其中的推诿、纠葛自也不必细说。我记得堂叔他们曾带律师到医院来调查过，记忆最深刻的就是听见婶子和母亲说："乡坝里都传疯了，说你女儿都读高中二年级了，还爬电线杆，触了电，真给刘家人丢脸。"自己家的亲人来传这样的话，很伤人心，母亲哽咽道："随便他们传，我觉得我们女儿没有给任何人丢脸！"直到现在，想起他们的话我都很难过，但那时的我深陷疼痛，不想在乎这样的流言蜚语。

亲情的淡漠和疏离，因为利益纷争而看透的人心，像章鱼触角一般慢慢爬上心头，让人觉得不可思议又难以挣脱。作为我们那时唯一能信任的亲人，在我们最困难的时候，因为几万块钱的治疗费，让我和我们全家都陷入了另一种绝望之中。最终我们家背负上了几万元的债，而我已经没有了双手。那样的时光，如果用一个词形容，就是度日如年。我有什么力量呢？我没有力量把一家人从这样的泥潭里拖出来，我甚至没有一点儿力量帮助我自己。人生遭到了毁灭性的打击，我都不知道自己能不能走下去，绝望像黑暗的夜，无边无际。

会唱歌的兔子

人世间总有些意想不到的温情。

国庆长假的最后一天，凌永佳带着他的父亲来了医院，还带来了他买的礼物——一个会唱歌的粉色兔子玩具和一片黄色的枫叶。他父亲是来帮忙的，了解了我们的情况，他马上联系了成都的媒体。躺在病床上，我听见他在走廊里打电话说："你们帮帮她吧，她家经济条件不好，又遇到这样残酷的打击……"

不是不感动的，我们不过是萍水相逢的陌生人，我却得到了他如此真挚的帮助。我说不出感激的话语，但心里满是敬重，这样难得的善意和温暖，稍稍抚慰了我因为一些亲人的背叛而倍感伤痛的心。

凌永佳坐在我的病床边对我说："你以后就叫我佳佳吧，我希望成为你的朋友，跟你一起分享快乐和忧伤。"他笑得那样友好、真诚，还给我讲故事，努力地想要逗我开心。他说，班里的男生喜欢恶作剧，在前座同学的后背上贴了张纸条，纸条上面写着"我很穷，但我还年轻"。放学的时候，前座同学成为人群中的焦点，每个走在他后面的人都迫不及待地跑到前面，想一探究竟。他边说边比画，动作有些滑稽。

"我很穷，但我还年轻。"我默默地念着这句话。或许他讲这个故事还有更深的心思在。

除了讲故事，他还给我讲他的爱好，给我看他新画的画，唱他刚刚学会的歌。其实从他的言谈举止可以看得出，他是一个性格内向、很腼腆的人，在这样内向、温和的外表下，却有着如此细腻的心思。好多感动涌到嘴边，我却不知道如何说出口。在冷暖自知、自扫门前雪的当下，这些来自陌生人的善意显得尤为珍贵。这对原本陌生的父子，带着令人不知道如何回馈的善意来温暖我，他们带给我的温暖就像许久不见的阳光，照亮了我破碎的心。

特别特别无聊的时候，我会用右边的残留不多的胳膊碰碰他送我的兔子，小兔子立即就会闪着红眼睛唱：

"小小姑娘，清早起床，提着花篮上市场，走过大街，穿过小巷，卖花卖花声声唱……"

伴着简单轻柔的旋律，稚嫩的童声在空寂的走廊上回响，整个烧伤科都听得见。

第二章
生与死的博弈

我不相信，命运这样残酷地对待我，就只是为了让我主动放弃生的机会。

选择努力比选择放弃更难

准备出院的时候，已经是十一月份。坐上回程的汽车，我的心紧张到极点。我知道，我的事情已经被编造出了无数个版本，都说好事不出门，坏事传千里，小地方尤其如此。在新闻传播途径匮乏的时代，这样的事情已经足够让人议论很久了。我很焦躁，不知道回去要如何面对亲朋好友的关心或安慰。

我和母亲刚到家，就见到大舅坐在院子里抽旱烟，还是以前那种熟悉的味道。大舅当了四十几年的"赤脚医生"，找他看病的人不计其数，他治好的顽瘴痼疾数都数不过来，他也因此极受当地人的尊敬，人们对他的评价都是善良、热情、正直、勤劳、仗义等。而大舅给我留下印象最深的，是他的旱烟袋和草鞋。

坐在大舅的旁边，几个月不见，他一点儿也没变，还是瘦长脸、浓眉毛，以及被太阳晒得黝黑的皮肤。刚开始，他的视线落在那忽明忽暗的烟头上。过了许久他才转过脸来，扫了我一眼。"不痛了吧？"他问。

"嗯。"我轻声答道。

"气色还不太好，脸发白，回来了多加调养。"

我没有回答，他又看了我一眼，似乎还想说什么，但终究没有开口。

一旁的母亲忍不住，悲怆地哭喊起来："哥哥啊，我前世在哪里造的孽，老天爷要这样惩罚我？！好好的一个女儿……"大舅眼皮都没有抬一下，默默地吸完他的最后一口烟，然后将烟头在地上捻灭，用指头把烟头抠出来，在凳子上咚咚地敲着烟杆的头，磕掉里面的残渣，收好他的烟袋，又叹了口气，抬起头对母亲说："哭什么呢？人这不是还好好地活着吗？留得青山在，还怕没柴烧？不管她有没有手，活着就是最好的，活着总会有用的！"

是的，活着是好的，但我不知道自己活着还有什么用。我生活完全不能自理，早上起床要母亲给我穿衣服、梳头、洗脸，帮我脱裤子我才能上厕所，一日三餐都靠她一勺一勺地喂，我成了一个废人。

我一个人坐在院子里，过去的一幕幕生活场景在眼前划过。那些曾经只是举手之劳的事，如今我却一件也做不到了。曾经觉得烦琐、不想做的家庭杂务，比如打扫卫生、洗衣做饭、喂猪，现在想做了，甚至宁愿多做，却再也没有了机会。猫咪跳上我的腿，我多想伸手摸一摸它毛茸茸的身体，但不管我怎么努力，也伸不出来了；刚孵出的小鸡饿了，叽叽叽地叫着，满院子乱跑，我想给它们找点儿吃的，但我不能了……我只能一动不动地坐在院子里，让想做却做不到的情绪撕扯着我的心。呵呵，是的，这就是现在的我，不但帮不了家人的忙，反而是他们的累赘。每天吃过饭，父母和弟弟都去地里忙活，只剩下我一个人在家。偶尔，我会一个人走到门外。天好的时候，我会躺在屋后的草坡上，望着天边飘动的白云，黯然落泪。我的灵魂就像那云一样，轻飘飘地游荡，无处落脚。

我的一切活动都停止了，没有了目标，也没有了追求，整日无所事事。我像一只掉进了万丈深渊的猎物，用惶恐的眼神瞪着周围，却找不到一条可以摆脱困境的出路……我的世界被粗暴地摧毁了。晚上躺在床上，悔恨、愧疚和自责噬咬着我的心，让我整夜整夜地辗转难眠。

无伤不是痛，有泪皆成血。

我小心翼翼地避开所有可能的遇见，不愿成为"众矢之的"。我害怕，害怕那些目光里的同情或询问。

母亲怕我一直这样下去，总是鼓励我走出去。

"我明天去赶集，你要不要跟我一起？"

"我不去。"我想都不想，每次都断然拒绝。

母亲没有恼，想了想，说："我一去这么久，万一你要上厕所怎么办？"

于是我就缩头缩脑地紧贴在母亲身后，争取用她的身体挡住自己空荡荡的衣袖。

果然不出所料，我一出门就成为焦点，隔着老远我就听到了各种闲言碎语。

"哎，你看那个人，是不是石桥村那个？出院回来了……"

"我看见你们村那个女孩出来了……"

大家像看怪物一样对我指指点点，我路过的地方，总有人指手画脚、交头接耳。他们也许并无恶意，还可能带着同情，但在我看来，那些望向我的眼神都带着肆无忌惮的嘲笑，极具杀伤力。我从众人视线里穿过去，似乎全身都被扫描了一遍，听不清的叽叽喳喳声更是令我如芒在背。母亲全然不顾及这些，她似乎根本没有注意到我的情绪变化，也没打算要安慰我，只是在碰到一两个熟人时，扯着嗓门同他们打招呼，像什么都没发生过一样。

我厌恶这样的围观，却无可奈何。

弟弟一下子长大了，再也不和我争抢任何东西，而且处处、事事都让着我。他干完活就主动陪我玩，有时候也拉我跟他一起去干活。他拔草，我给他背背篓；他摘菜，我在他旁边跟他聊天。见我闷闷不乐，他就变着花样逗我开心，编笑话、编故事讲给我听，我经常会被他逗得哈哈大笑，笑得喘不过气来，笑得肚子疼。和他在一起，我感到了久违的轻松和自在。

有一次我感冒，弟弟陪我去邻村的卫生室看病，我又遭遇到一帮小孩的围追。我已经麻木到没有反应了，弟弟却像一只发怒的狮子，向他们投去恶狠狠的眼神，想吓退那些小孩。他握紧拳头，愤愤地说："姐，只要你一声令下，我就把他们赶走！"

亲情，是冰冷海水里的一段浮木，是我暗夜里那一点儿微弱的光。

一天，我趁父母下地干活的时候，又一次来到江边。鸟儿依旧欢快地歌唱着，草木葳蕤，江水从容地流淌着，大自然散发的能量总是能给人抚慰。我环顾四周，看到周围没有一个人，便找了个大石头靠着坐了下来，使劲地做深呼吸，心中还是涌起了无限的悲凉。出事前后的过程浮现在眼前，想起曾经的梦想，想起与母亲在医院的种种情景，我开始失声恸哭，哭得酣畅淋漓、肝肠寸断，哭干了人前不敢肆意流淌的泪……哭到声音嘶哑，突然又自嘲地笑起来，笑自己的胆小和懦弱，笑自己就像一个被命运捉弄的小丑，如同一只可怜的蝼蚁，在生死的边缘挣扎着。

是放弃还是继续？我一遍一遍地问自己。死是多么容易的一件事，但我不相信命运这样残酷地对待我，就只是为了让我主动放弃生的机会。想到辛苦地养育我十七年的父母，想到因我辍学的弟弟，想到这个穷而温暖的家，还有自己即将开启却又戛然而止的人生，虽有种种不甘，却又处处万般无奈。这远不是哭泣可以解决的问题。我可能需要点儿时间。

转念之间

春天似乎在一夜之间到来了，暖柔的微风吹绿了沱江两岸，田埂和土坡上的小草嫩绿嫩绿的，轻轻扯一把，会沾上一手清香的汁液。我把母亲刚买的六只小鹅赶到屋外的旱田里，背靠大树坐在隆起的树根上，看它们用扁喙啄草尖吃。毛茸茸的小鹅吃饱了，跑累了，就蹲在地上窝成一团打盹儿。它们在想些什么呢？是不是也会有自己的烦恼？是不是也会伤心难过？可惜我听不懂它们的语言，但是我可以保护它们，把企图伤害它们的猫和狗赶走。于是我开始每天放鹅，撵狗。日子一天天过去，鹅渐渐褪去嫩黄的绒毛，换上了浅黄的短羽，腿脚也更有力了，一口气可以跑到屋西边的土坡上。我躺在柔软的蒿草上陪着它们，嘴里嚼着狗尾巴草梗，想些乱七八糟的事，消磨着时光。

时间慢慢治愈着伤痛。有时候想，如果一辈子就这样守着青山绿水、竹林老屋，倒也悠闲自在。

可生命的意义一定不止于此。那段漫长的闲暇时间让我有机会想了很多。人究竟为了什么活着？人生的价值究竟是什么？我开始直面现实。我的确失去了双臂，失去了生活的能力、自理的能力，失去了梦想，甚至失去了我暂时无从知晓的所有。我感知着这副躺在草地上的躯体，除了衣袖空荡荡，它还有一双健康的腿以及其他完好的身体部件，一颗跳动的心，一个正常运转的大脑。尤其是我的大脑，它比以往任何时间都更清醒……我还有爱我的父亲、母亲和弟弟。望着头上的蓝天白云，我意识到我同其他人呼吸着同样的空气，沐浴着同样的阳光，除了失去的那部分，我的生命还在，我依然可以拥有整个世界！我可以做点儿什么，我一定可以做点儿什么！我的心蠢蠢欲动，我又一次热泪盈眶。我相信，只要我愿意，我就可以用我的残缺之躯去谱写属于我的人生。

第三章
跨越鸿沟

精神不倒，生命不止。再难，都将成为过去。

一线生机

大舅一早就来了，披着满身露水和雾气，像一棵青草一样飘落到屋檐下。他坐在门口的石墩上，胡乱地扯着裤腿上湿漉漉的杂草。母亲给他打来一盆凉水，递上毛巾，让他洗手擦脸。大舅擦完手，从他揣旱烟袋的那个衣兜里，掏出来一张复印的报纸——那是大表哥特意让他带给我的东西。大表哥在内江市一所中专学校当教师。大舅说，春节的时候学校组织大表哥他们去自贡国际恐龙灯会观灯，在那里，大表哥遇见了一个"奇人"。

大舅一边吸着烟一边说话，话语和烟雾一起从嘴里吞吐出来，呛得他直咳嗽。他又把一张纸递到我面前："这是报纸上那个人的联系方式。"

报纸上讲的那个人叫胡林，比我年长十三岁，是自贡市的一位无臂的书画家。"无臂"这两个字触动到了我，"书画家"引起了我的注意——同样是失去双臂的人，他竟然是书画家？我无心再听大舅还说了些什么，一口气把报纸读完。原来胡林十五岁时和同学玩耍，不小心触到了高压电，也失去了双臂。但是，他后来积极参加一些体育比赛，还用脚练习在沙盘上写字，冬天脚冻烂了，就改用嘴衔着毛笔写……他在体育和书画方面都获了很多奖项。他用坚强和勤奋改变了自己的命运，后来还结了婚，生了个可爱的女儿，日子过得幸福美满。

我心里充满了疑问，但也开始蠢蠢欲动。晚上睡觉的时候，我躺在床上一直在想，怎么才能用嘴写字呢？胡叔叔能够做到，我是不是也可以呢？绝望的内心忽然有了希望，好像眼前的一团迷雾被一点点地拨开。我想，说不定这便是我的机会。

终于，一个成功的榜样让我有了方向。

我一定要去见见这位胡林叔叔。我打定主意，第二天一早就将想法告诉了母亲。母亲似乎预见到了我的决定，脸上露出了久违的欣慰笑容，但旋即又黯淡下来，说："我是个没用的人，一进城脑子就迷糊，连过马路的胆量都没有。"母亲说得没错，几十年的农村生活单纯又封闭，进城对她来说是一个很大的挑战。

还没等我再开口说什么，她很快就恢复了笑容，说外公能带我们去找胡林。外公住在自贡，快八十岁了，他带着我们在市里几经辗转，最终一行人风尘仆仆地站在了胡林面前。

我与胡叔叔第一次见面是在自贡市的彩灯公园，那时候他正在公园举办的国际恐龙灯会上展售书画。亲眼看到那些他用嘴创作出来的漂亮书画，我深受震撼！

更让我羡慕的是他的家庭。他有一位美丽健全的妻子——赵虹，人不光长得漂亮，而且温柔贤惠。多么强大的理由才能让她不顾一切地跟胡叔叔生活在一起，并且照顾他呀！我内心感动于这份坚贞不渝的爱情，也对未来有了信心。

很多时候，我们总是需要引路人的。见到了胡叔叔，我就像从黑暗中看到了点点微光。

人人都认为自己能够感同身受，但如果没有亲身经历过，即便是身边最亲近的人，也无法完全体会当事者的感受。可我知道胡叔叔一定可以明白我，因为我们有过一样的遭遇，一样的痛，一样的不甘，一样的茫然失措。

因为理解，胡叔叔并没有用华丽、苍白的语言安慰我，而是直接教我最实际的生存法则。他是个很有耐心的人，也讲究方法，虽然我学得很慢，他还是不厌其烦地教我如何穿袜子、穿鞋子、洗衣服，教我上厕所、漱口的方法。他还送我一个不锈钢小盘，让我像他一样，把饭菜装进盘子里，自己吃饭。临走的时候，他还找了几本字帖、几管毛笔和一叠毛边纸送给我。

他说："我们的身体虽然是残缺的，但我们的心灵是健全的，残疾人更应该自强不息……故天将降大任于是人也，必先苦其心志，劳其筋骨……"这些话别人说了不但不能激励我，还会让我反感，但出自他口，因为共情，因为眼见为实，我便获得了力量。

坐上回程的汽车，我心潮澎湃，但还不敢相信这一切都是真的，他的方法我是可以复制的。从前我消极地接受现实，以为我的人生从此就这样了，我只要知足地活着就好。但这几天的所见所闻又彻底地改变了我的想法，打破了我刚刚建立的消极的宿命感，激发了我骨血里的勇气——我要好好活！

总听人讲，内心的秩序决定着一个人的精神面貌。此时此刻，我才亲身感受到这一点——一旦内在想法改变了，人自会豁然开朗。从车窗望出去，天空像洗过一般纯净，偶有云朵飘过，路边散布着星星点点的无名小花，似有缕缕花香传来。

挣扎向前

回到家的时候已经入夜。母亲和我刚到院门口，一条半大的黄狗就摇头摆尾地冲到我跟前，在我脚边跳来跳去，不时地抬起前腿扒拉我。这股费力讨好的劲儿让我招架不住，我逃到院子里，一边躲避它的亲热，一边嘴里不停地喊："谁家的狗？谁家的狗啊？"

它好像认识我，我怎么不认识它呢？

弟弟闻声从屋里跑出来，说："姐姐，你不认识啦，这就是我们家的'小黑'啊。"

我当然认识"小黑"，可这分明是条黄狗啊！

"嘿嘿，人换了衣服狗都认识，狗换了衣服人怎么就不认识了呢？这点人比狗差劲！"弟弟呵呵地笑。

"天哪，你不是给它染了颜色吧？"

"我哪会染颜色？我想天热了，就给它把毛剪薄了，谁知道黑毛剪掉一层就成了黄色的了。"

言语间，黄狗坐在了我们中间，伸着舌头喘着粗气，像是调皮的孩子见到久违的亲人。我坐在台阶上，看着眼前和乐的景象，心里居然生出了从容和欢喜。出事以后，我都不敢想象自己还能拥有这样的欢喜。

当晚，我踏踏实实地睡了一个好觉。第二天，天刚蒙蒙亮，我就让母亲给我穿好衣服，精神百倍地走出了院子。

说干就干！吃过早饭，我就让弟弟帮我收拾桌子，铺纸倒墨，然后迫不及待地用嘴衔起了毛笔。但是方桌太高了，我有些够不着，弟弟就找来了两块砖，我一只脚下垫一块，照着胡老师送的《小学生楷书字帖》，开始练习笔画。虽有满腔热情，可笔在嘴里却完全不受控制，竖起来都很困难，力度更是把握不好。我写的点不像点，横不像横，而且还不停地流口水。我又急又气，越急越写不好，越写不好越气。我气急败坏地咬起竹制的笔杆儿，咬得喳喳作响，破碎的笔杆儿把舌头夹破了，鲜血直流。

没有人知道我的委屈和绝望。抱着多大的希望开始，此刻的我就有多大的失望和愤怒。嘴里全是咸腥的血味，头上沁着的汗珠和眼泪一起往下流……我多想歇斯底里地大吼大叫，但我已经清楚那是一点儿用处都没有的。我虽然看不到此时的自己有多么狼狈，但清楚地知道，那画面是屈辱的。我蜷缩在墙角，用力咬住自己的膝盖，只有钻心的疼才够解恨！

要成为一个有用的人竟这样难！我做不到了。我多想甩开笔，就这样吧，从此就做一个废人。就这样吧，不必努力不用抗争，这就是我的命！

开始一场命运的豪赌

嘴里的刺痛隐隐传来，我强迫自己冷静下来。或许这又是新的考验吧！生活可能就是这样，不停地挑战，又不停地受打击，只要扛住了，就能活过来。写字，对此刻的我来说，是一个巨大的、从未有过的挑战，我决定扛过去！反正已经没有了双手，不过就是置之死地而后生。与其庸碌地活着，不如放手一搏！于是我跟自己赌了一口气：成功则人在，失败即我亡！

其实在那样的情绪下是写不好字的，但是既然选择了坚持，我也慢慢地学会了调整状态，继续一次次地练习。看到了我的坚持，父亲专门为我收购旧报纸，亲戚们也主动帮我攒报纸。这些旧报纸都被母亲一张一张地平铺开，压在席子的下面，像是收藏着的希望，她每天拿出一些，为我"补充能量"。从天亮直到天黑，一天又一天，只要我还能站得住，我就不停地练，经常到吃饭的时候，才发现腿早就僵硬得坐不了凳子，一旦坐下就起不来。夜深人静时，颈椎和右侧咬笔的半边头部痛得我难以入眠。反正睡不着了，我便起来看书。

月亮偷偷地躲在窗户外头，陪着我的只有斗室里昏黄的灯光，还有那只蜷卧在木箱上打呼噜的猫咪。没了白天的嘈杂声，夜的安静突显了白天被忽略的声音，有风声，有竹叶的沙沙声，还有偶尔落下来的树叶发出的淅沥声，此刻，这些声音一点儿一点儿地落入我的耳朵里，是那样清晰。在漫长又清冷的夜里，听着这些声音，我的心也不自觉地跟着沉静下来，好像全世界只有我一个人。"古来圣贤多寂寞"，他们的夜，也都是这样一个人孤独地熬过去的吗？

在晨昏颠倒的日日夜夜里，我的意志力被一点点地磨掉，我曾经立下的雄心壮志都随着墨水涸干在报纸上，和那些歪歪扭扭的字迹一起嘲笑我。写得久了，累了，还会想要放弃。多少次，一个声音在我内心叫嚣着：算了，你没希望了！多少次，另一个声音也在呐喊：别放弃，再多试一次！

半个月过去了，我还是没有长进，没有写出让自己满意的一点、一横。万般无奈的时候，我又想到了老师胡林。我跑到离家一公里以外的小卖部，打通了胡林老师的电话，问他怎样才能写出像样的字。电话那头，他用平和的语调回答我："不要着急，照字帖的样子慢慢写，每个细微的地方都要写得像，用后面的大牙咬住笔杆儿，用舌头帮助转动，少蘸点儿墨水……"

眼泪又不自觉地滑落下来，这是内心被温暖到的感动的泪水。能与胡老师相遇，我应该庆幸的——已经有人在前面蹚出一条路，我只要沿着这条路继续走就对了。只不过，这条路要走好，需要比常人多花十倍、百倍的时间，而我现在最不缺的就是时间。默念着胡老师教的要领，我沉下心，慢慢写，一笔一笔，一张一张……

生存的力量

傍晚的田野笼罩着湿漉漉的雾气，脚下的泥土刚刚施了肥，散发出肥沃的气息。

转眼就到了万物生长的春末，视线所及，皆是青绿。繁忙的农耕又开始了，种玉米、育秧苗、浇水、打芽，到处都是忙碌的身影。跟忙着干农活的人不同，我是躲在屋里，一时不得闲地练字，等下午太阳落山，屋里暗下来之后，才能出去转转。乍暖还寒的湿气钻进衣服里，让身体一阵阵发凉，换来精神一振的清醒。对我来说，学会了书法算什么呢？我能达到真正的书法家的高度吗？就算达到了，又能给我带来什么呢？答案是模糊的，但是有一点很清楚：学会了书法，我就不再是一个无用之人——至少我是有用的，我得证明我还是有用的。这种愿望是那样的清晰和强烈，让人激情澎湃。

活着最重要的就是精神，既然身体不够完整，那精神上就要更强大。很多次，我在夜里问自己，活着到底是为了什么？有人为名利，有人为恩情，有人为理想，有人为自由……为名利，荒冢一堆便没了；为恩情，一朝人去全没了。有些时候想得深了，又觉得好像人世间的一切都没有意义，也许活着的本身就是意义。史铁生说："一个人，出生了，这就不再是一个可以辩论的问题，而只是上帝交给他的一个事实；上帝在交给我们这件事实的时候，已经顺便保证了它的结果，所以死是一件不必急于求成的事，死是一个必然会降临的节日。"

用力活着，就是我这一生的意义。

找回尊严，从生活自理开始

剩下的就是怎么活的问题。这也许不是一句话可以回答的，每个人的一生都在回答这个问题。认真努力，问心无愧，对得起自己；要有思考的能力，不断成长和学习；要经历生活里的一切，付出爱……但无论怎样，人活着，首要的是要有尊严。

如果说学写字让我有了活下去的目标，那么学会生活自理让我找回了活着的尊严。比如，如何一个人上厕所？这个三岁孩子都能熟练掌握的生活技能，现在变成一个难题横亘在十七岁的我面前。在医院的时候，都是母亲和我一起做这件事。但是随着时间的推移，我身边不可能时时刻刻都有人（而且必须是女性）陪伴和帮忙。其实对十七岁的少女来说，同性帮自己脱裤子、提裤子都是很尴尬的事，那种难堪我是知道的。这件事是我首先要解决，也是最迫切需要解决的问题。尽管胡叔叔提供了一些好的建议，但我毕竟是女孩，还是要摸索适合自己的方法。我和母亲一起研究，反复改进，最终我在自己家的厕所里完成了独立上厕所的全过程。母亲先把我的裤腰带全改成松紧带式的，再让父亲在厕所的墙上钉了一根长钉子，墙壁是红砖砌的，所以钉子钉到上面很结实，高度根据我的身高来定，大约钉在我腰部这个位置。

每次去上厕所，我就借助这根钉子，先稍微下蹲，挂住一侧裤腰带，再起身往上踮脚，裤子的一侧被钩下去，转过身，另一侧如法炮制，裤子就可以脱到合适的位置了。上完厕所以后，也是同样的方法，只不过是反过来操作。先踮起脚，用点儿力让钉子挂住腿上的裤腰带，人再往下蹲，提上去一侧的裤子，转身再来另一边，裤子就穿好了。有时会提得不正，需要转动调整一下，所以裤腰带宽松些就会好很多。刚开始控制不好，动作不到位或者力用过了，钉子就会在腰上拉出长长的血痕，火辣辣的痛。所以在很长的一段时间里，我腰上经常是旧伤未好又添新伤。

后来我也尝试过用带点儿弧度的钩子，或是一节比较细的钢筋来操作，总之只要能打进墙里，固定结实，就可以为我所用。只不过刚开始学的时候要特别小心，即使到了现在，一不留神我也会受伤。

刷牙倒是相对简单。在我们院子里有棵大树，父亲在树上钉

▲ 刷牙

了一节钢筋，再用细铁丝把牙刷绑在钢筋上，使牙刷毛朝上，我俯身含住牙刷，通过摆动头部来刷牙，然后通过转换站立位置，让左右边的牙齿都可以刷到。后来我住进楼房，在卫生间里装上了类似的装置，刷牙也没有

问题。

洗脸是我后来学会的，在家里淋浴的房间墙上钉个矮一点儿的花洒固定器，将花洒放矮是为了用盆接到热水，我坐在小凳上，把毛巾放盆里，用脚搓一搓，挤挤水，再展开放在脚板上就可以洗脸了。至于给脸上涂抹一些水乳、面霜什么的，这比洗脸容易多了，都可以用脚操作。当然这也是多加练习才掌握的，毕竟我以前不用脚干这活。

衣服大多穿套头的，方便用脚夹起往头上套。最考验耐心的，就是穿袜子，左脚帮右脚穿，右脚帮左脚穿，经常配合不好。棉袜子还好一点儿，用脚夹着袜筒的口子，另一只脚的脚尖并拢绷直，顺着夹起的袜筒往里钻。钻进去之后，夹袜筒的脚要帮助这只脚往上提，直到套上为止。然后另外一只脚再穿。刚开始基本穿不上，后来知道是什么原因了，明白了要穿露趾袜，因这样既好穿又不耽误脚趾干活，所以脚趾统统都要露出来。好在老天爷还给我留了一双十个脚趾能分开，而且越用越巧的脚。有时候，我真觉得自己"心灵脚巧"！

洗澡对我来说，要解决的麻烦事是搓背，直到后来有人发明了懒人搓背器，这个难题才解决了。社会的进步会带给我们残疾人很多福祉，我们

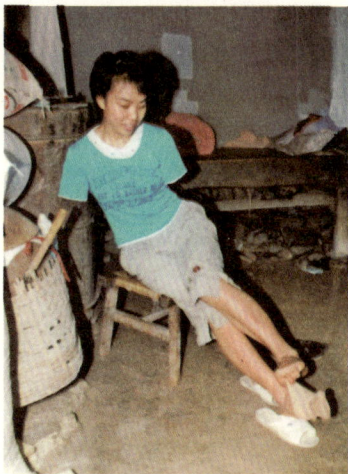

▲穿袜子

自己也要不断地尝试新事物、新方法，尽可能地让自己生活自理。

洗头的问题到现在还是解决不了，需要家人帮忙或者去理发店，不过这件事相对没那么要紧了。

后来我还学会了做饭。用电饭煲煮粥、煮饭对我来说都是小事一桩，炖肉汤是我最拿手的菜。我可以很骄傲地说，这道菜家里没有人能做得比我好，孩子们都很爱吃。四川人都是天生的厨子，天赋自然不在话下，但是具体到我，怎么才能实现在厨房的一系列操作呢？细节就不必啰唆了，总的来说，要用到这几个身体部位：首先是脚，因它承担了手的大部分工作；其次是肩膀、脸颊、下巴等，我需用肩膀和脸颊夹起菜刀，用下巴用力摁刀背，这样就可以切菜了。

▲ 洗衣服

家务我也很快就上手了，拖地、洗衣服、整理房间都没有问题。我会不断想办法，做各种各样的尝试，或者利用辅助工具，或者把自己身体的其他部位用到极致。

自己吃饭是我最需要锻炼的基本能力。把饭菜放进一个盘子里，我自己就可以用嘴衔着吃。刚开始自己不会夹菜，总是等家人帮我，后来自己咬着一把小勺子，想要什么都可以舀进自己盘里。

烦恼还是有的。夏天热的时候，被蚊虫叮咬的位置痒得受不了，我就靠在桌角上磨。有时候磨得破了皮，一流汗就钻心地疼。这也还好，关键是很多部位磨不到，我就只能强忍着，那滋味是真挺要命的。还有，因每天衔着笔，口腔经常上火，一旦上火就免不了红肿溃烂，轻轻张嘴都是痛的，饭自然就吃不下去了。

一个个困难考验着我的耐心和决心。一点一滴的进步，又给我带来向前走的希望。

倾斜的亲情

乡下的日子冷清，但农活不少。除了地里的活，父亲还会到山上砍竹子、编竹筐。

我刚出院那个月，父亲很少说话，时常捂着胸口，样子十分痛苦。他坐在石阶上，抱着竹筐，认真地编织每一个格子，眉头却总是皱着。我知道他是痛苦和自责的，堂叔是跟他一起长大的兄弟，他怎么也不能相信、不愿相信，堂叔怎么能为了钱无情无义？那可是我用双臂换来的钱，是带血带泪的钱啊，堂叔怎么能让它没有理由地消失殆尽？当时猪肉才三块多一斤，七万八千元无疑是一笔巨款。这笔钱的无端消失，让父亲觉得把钱交给堂叔管理是他一生中做得最愚蠢、最无法弥补的一件事。他不能原谅自己。

四叔知道我的情况后，让父亲随时都可以去他的鱼塘钓鱼，给我补充营养。其实以前我也喜欢钓鱼，常和父亲、弟弟一起去，钓鱼不仅可以消磨时光，还能让晚餐多一道美味，钓多了还可以换些零花钱。但是现在，父亲钓回来的鱼只给我做鱼汤，他自己却从来不舍得吃一口。他心疼女儿遭了这么大的罪，却也无从安慰，他能做的，就是默默地想办法给我弄来些好吃的，单独让我享用。

不仅父亲不喝鱼汤，母亲也不让弟弟喝。家里一旦有好吃的东西，他们都让我独享。母亲把父亲从山上采回来的野蘑菇，做成鲜美无比的汤，一家人都装作不喜欢的样子让我喝，怕我愧疚。而弟弟对这些全然不计较。

我们家离奶奶家大概有半公里的路程，走过去要翻过屋后的那座小山。遇上下过雨的天，山路特别滑，我没有双臂，很难保持平衡，弟弟就常常背着我走。弟弟背着我走在滑溜溜的山路上，

▲ 2000 年 5 月一家人合影，前排是奶奶，后排从
左至右分别是我的弟弟、父亲、母亲和我

一晃一晃的，我趴在他稚嫩的肩膀上，感到既幸福又内疚。如果不是因为我出了这倒霉的事，他现在应该还在学校的教室里上课……

我是知足的。周遭是一片汪洋的时候，幸而还有亲情，那是我能抓住的唯一的稻草。父亲钓的鱼是疼爱，弟弟的肩膀是担当。有了他们，我就能站起来。

我常常想，这也是命运的安排吧？我们无从选择自己的出身，也无从选择自己的命运，当一切发生的时候，只能按照现有的事实来迎接已经被安排好的剧情。

路已知，路上的风景未知。我始终确信，无论命运怎样安排，这么小就如此懂事的弟弟，一定可以找到自己的风景。

捶打自卑

我家门前有一条弯弯的小路，一直延伸到西面的山岗上。秋天到了，空气中弥漫着干草的味道。黄昏的时候，深锁于庭院之中的我会到那条路上散散步，或者爬上西边的山岗，守候归鸟，看夕阳西下，等待天黑。有时候我已经在那里待了很久，也不想回家。循着夜的召唤，我想象自己就是一座会思考的石雕，立于星空之下、厚土之上，历经风吹日晒、雨雪冲刷，直到千年万年之后，还有千年万年……等到我全身都长满了绿色的青苔，世界又会变成什么样子呢？

秋天是我最喜欢的季节，而秋天的傍晚，是我最喜欢的季节里最喜欢的时刻。

深秋过后，寒冬倏然而至。播种的小麦已经发芽了，黄绿色的小麦芽带着露珠从地里冒了出来，细细软软的，像牛毛一样。地面上的蜘蛛在洞口布下天罗地网，等待着那些准备冬眠的和冬季里就要落地死去的虫子。

清冷的北风刮过山头，刮过竹林，刮过树梢，带来属于冬天的寒意。川地少雪，但也阴冷。树木日渐光秃，入眼处多了几分萧瑟。

我点亮悬在桌上的白炽灯泡，继续练字。我穿得越来越厚了，行动也越来越不方便，墙缝里钻进来的冷风冻得我鼻尖隐隐作痛，鼻涕跟着往下淌，写一笔就得停下来擦一把，进度非常缓慢。

屋顶上炊烟越冒越勤的时候，腊月就到了，春节近在咫尺。好像没过多久，一年就走到了尽头。因为没钱买年货，对过年也没有了往日的期盼。我替家里发愁，父亲母亲更发愁，于是我们都心照不宣地不提过年的事。

四姨是母亲姐妹中最宽裕的一个，总是时不时地接济我们家。每次看见我，她都会往我兜里塞几十块钱。对于这些零花钱，我除了留下一点儿买文具，其余的都交给母亲贴补家用。

快过年了，四姨不等母亲开口，就把钱硬塞给她。弟弟这段时间也帮家里赚钱了，家里只有我一个闲人，没有贡献一点儿收入，我很是郁闷。外公知道了，就让我上街写春联，说这样我至少可以赚点儿零花钱。

我？在街上写春联？想想那个场景，我心里就直打鼓。

母亲倒是觉得很可行，积极地要去买红纸。我虽然敷衍地答应了，其实心里还在犹豫。一方面是对自己的字没有信心；另一方面，我还是怕别人指指点点。可想想家里的现状，家人们的努力，我最后还是说服了自己，告诉自己总要面对这些。于是，从腊月十五开始，母亲早早准备好笔墨纸砚，一大早我们就出发了，走到十多公里外的集市上，借了桌子，摆好砚台，倒上墨，展开红纸……

开始我是扭捏的。陌生人不经意地撇过来一眼，我内心都会翻腾好久，觉得自己就像耍猴人手里的那只猴子，被好奇地观赏着。而我和猴子不同的是，我是人，知道羞愧。时间一分一秒地过去，街上的人越来越多，别的小摊都开始忙碌，我仍旧傻站在那里。

母亲有些急了："是你自己答应要来的，总要开始的。"是啊，不是已经决定要走出这一步了吗？早晚要过这一关的，我连死都不怕，还有什么可怕的呢？

街上很冷。一阵风吹过，空荡荡的袖子里灌满了寒风，寒风顺着残臂钻进身体里，是彻骨的冷。我抬眼看旁边的母亲，她也冻得发抖，眼巴巴地望着我。我心里一阵酸楚，走到桌子旁，衔起了毛笔。

很快，周围的人越来越多，我一笔一画地书写着，起笔、行笔、转笔、提笔、收笔，红纸黑字，不到两分钟，第一副工整劲秀的对联就完成了。一开始好奇围观的叽叽喳喳声被赞叹声所取代，我心里开始有了些微的骄傲和满足。随着第一副春联被人买走，看热闹的人纷纷开始预订春联，一副、两副……我从上午八点半一直写到下午两点，从浓雾弥漫写到太阳完全露出来，直到晕头转向、口唇僵硬。整条街的人都在议论这个用嘴衔着毛笔写春联的无臂女孩，言语间全都是敬佩和惋惜。

没有人讨价还价，甚至附近的一些摊贩也用几个菜花、几捆大葱来换我的春联。有觉得过意不去的，会再加五毛钱来换几副小对联。就这样，没过几天，站在众人面前写字的我慢慢卸下了沉重的心理负担，开始变得自在起来。

这个春节，家里用我挣的四百块钱买了年货，过了一个比以往都丰盛的年。我的心踏实而愉悦，看着家人一起分享我的劳动成果，我感受到了从未有过的自豪。

▲在乡村大集写对联卖

也许这就是人们常说的，天无绝人之路。

春节过后，我有了更高的目标——开始写作品！写作品需要用宣纸，之前练习用的报纸已经不能满足我的需求了，但是我不能再向家里开口了，必须自己想办法。好不容易找到一条路，无论如何我都要继续走下去。

胡老师对我说："进城，找个公园卖字画，'以书养书'。"

向自立发起挑战

凭借在家乡卖春联找回来的自信，在2001年春节过后，我和母亲怀着忐忑的心情，走进了我出事的那座城市——资阳。此行目的很单纯，就是去街上卖字。早晨八点半，我和母亲出发了。我背着一个小包，母亲还是背着那个装有纸墨笔砚的竹背篓，左腋下夹着一块折叠的木板，右手提一个小铁架。工具虽然简易，但很齐全。

毕竟是在城市，我们在商业街穿梭了整个上午都没有找到合适的位置支摊。在这座既熟悉又陌生的城市里，我和母亲都是胆怯而自卑的，因着它的繁华，也因着它的冷漠。直到天黑，我们仍然一无所获。

夜幕降临，华灯初上，城市换上了光怪陆离的一面，浮光掠影的热闹是无处不在的，但热闹是他们的，属于我们的只有清冷。为了不露宿街头，我和母亲只好先找了一家僻静的旅馆住下。我们带的钱不多，最便宜的房间也要五块钱。母亲咬牙付了房费，身上只剩下三块多钱了。

我们住的地方是一间隔断出来的极为狭小的房间，除了一张单人床，连放凳子的空间都没有。坐在距离墙面只有大约五十厘米的床沿上，我压抑到近乎窒息。在天高云阔的乡下，尽管家徒四壁，房屋却是高大宽敞的，更不用说窗外的风景、山野的郁郁葱葱……实在想象不到，在城里，一夜要花五块钱的地方居然是这样的。我和母亲面面相觑，心乱如麻。

远离家乡，更能感受到没钱寸步难行。万般无奈之下，我和母亲决定再出去试一试。记不得走了多久，终于，在一栋百货大楼附近的街道旁，我们找到了一张又矮又小的石头桌。借着昏暗的路灯，我埋头在铺好的宣纸上慢慢地写着，感觉到了周围人的穿行和驻足，感觉到了他们探寻或审视的目光。我听不到周围人的言语声，甚至母亲在说什么都听不到。我屏蔽了一切，只是不抬头地写。似乎有人在买，也有人只是轻轻地丢下了几枚硬币。我痛恨这种"施舍"，他们居高临下地表达着他们的"善意"，而我再次回到了自己的壳子——里面装着我的渺小和无力。

困顿而迷茫

有人曾建议我去乞讨，他们甚至说这是现在一种很流行的赚钱方式，还有些人因此发了财，盖了房。曾有个初中同学到家里来看我，他说："城里有很多残疾人沿街乞讨，听说也能赚不少钱……"我立即打断了他的话，一字一句地告诉他："要我去乞讨的话，我宁愿去死！"

我脸上火辣辣的，那是愤怒和羞耻。我曾经严词拒绝的，现在不就在上演吗？这难道不是在乞讨吗？第二天，我提出要回家。母亲不赞同，劝我坚持，说再怎么也要挣够来回的路费再走，可我还是执拗地决定离开。这一次，我深刻地感受到了生存的严峻性。我开始幻想，在学书法的同时，能不能再干点儿别的？比如做个小生意、开个书店？我还是太过天真了，小瞧了现实的残酷。

　　瞒着家人，我又一个人跑去跟胡老师打电话求助。半路上下起雨来，无处躲雨，干脆也不必躲了，我不紧不慢地走在雨中，想起了小时候上学，每次遇到下雨的时候，我就和小伙伴们去摘路边树上宽大的叶子，一手擎着叶子遮风挡雨，一手去戳对方擎着的叶子，看着聚在叶子里的雨水哗的一声倾泻下来，弄湿了全身，嬉笑怒骂间，你追我赶。而如今，放眼望去，路边没有树，更没有宽大的叶子，即使有，又怎样呢？我不知道自己有没有哭，或许只是雨水滑落到了嘴角，舔一舔，味道复杂。

　　回到家以后，我仍旧像往常一样，看书、练字、散步，很多时候，我会望着天边远远的云，看它变幻、舞蹈。它是那么自由，我却被困在这里，不知道何去何从。

　　卖艺是我唯一的希望，也是一副沉沉的枷锁。胡老师说过，卖字是我目前生存的必经之路。我犹豫、纠结，是因为我从心底里就排斥这种求生的方式，这伤害了我的自尊。

二　重建人生

真正的强者，不是征服了什么，

而是承受了什么。

第四章
逆行到底

我相信，上天在给我足够多的打击和磨难之后，总会有一天给予我生命的馈赠。

从人民商场到新华公园

当睡了一冬的动物都揉着眼睛爬出来的时候，池塘的水面上浮起了一团一团黑色的小蝌蚪，树枝上长出了黄绿色的嫩芽。春风拂面，母亲和我再次背上了行囊。

这次我们去的是被誉为"天府之国"的成都。在成都北二环外的城隍庙电子市场里，我们租了一间阁楼。说是阁楼，其实就是一个仓库的顶棚，是用木板搭起来的，不隔音也不挡风。

就这样，不管愿不愿意，卖艺的日子又重新开始了。

成都的确是一座大城市，站在人民商场的过街天桥上，放眼望去，每一个角落都挤满了人。成都是西南地区的经济、文化和交通中心之一，繁华的市中心汇聚了众多购物中心、专卖店和餐厅等，让人眼花缭乱。

我们刚把折叠桌摆好，城管就到了。我和母亲怯怯地看着他们一行四人，一边卷我的纸，一边收我的笔，担心、难过却又无可奈何。围观的人越来越多，人们七嘴八舌地议论起来。

这时一位拄着拐棍的大爷拨开人群，走到了城管面前，怂声道："残疾人做事多么不容易啊！能不能照顾一下她们，再怎么着，也让她们把今天摆完嘛！"不知道是因为老人的言辞，还是因为动了恻隐之心，他们停了下来，几个人嘀咕着商量了一下，放下我们的东西就走了，但临走时，他们把母亲拉到一边，劝母亲说，明天不要来了。

　　"感谢大爷，感谢所有好心人。"我埋头写字的时候心里一直在这么想着，但始终没有把话说出口。感谢这些陌生的好心人仗义执言，感谢城管的网开一面，我们才能在这里继续摆摊，这是这座城市给我的温暖。

　　但这毕竟不是长久之计，大城市有它的规矩。我既不想成天跟城管绕来绕去，也不想破坏城市的规矩。思来想去，我决定还是听从胡老师的建议，去附近的公园找找门路。

　　那天飘着零星小雨，我一个人坐上了拥挤的公交车。我试着朝前面那排红色座位靠过去，座位上正坐着两个漂亮的女孩，看上去与我年龄相近，红棕色的卷发，脖子修长，画着好看的彩妆。这时车突

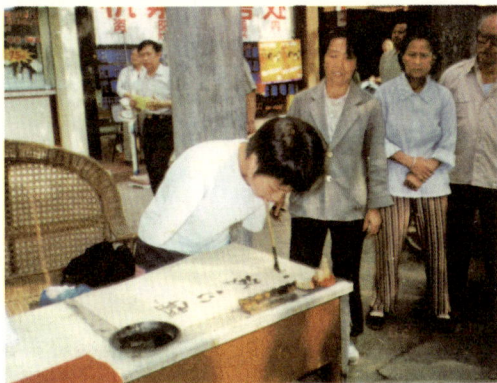

▲ 2001 年，在成都街头卖艺

然转了个弯，我一个趔趄，扑倒在其中一个女孩的腿上，这个女孩带着嫌弃的表情迅速推开了我。我连忙直起身，心里一阵凄凉。

窗外的风景一帧一帧地跳过，繁华的城市、密如蛛网的街道都与我无关，我只是漂泊在此地的惶然的异乡人。

无论内心如何纠结、忐忑，我还是推开了成都新华公园管理处的门。说明来意后，一位姓李的负责人用平和的语气拒绝了我："公园不是福利院，残疾人有当地政府的救济，我们就没开过这种先例，你进来摆摊是不可能的。"一字一句，封住了所有我将要说出口的话。那些不知道酝酿了多久才鼓起的勇气，那些不知道组织了多少次的措辞，都被噎住了。我喉咙一紧，哽咽地应答道："我家是农村的，政府已为我减免了个人的农业税，可我根本种不了地……"

我不知道自己说了些什么，也不知道从哪里冒出来的勇气，让我继续侃侃而谈："李经理你知道吗，对身患残疾的人来说，活下去需要很大的勇气。不管怎样，我活下来了，我这么艰辛地活下来，不仅仅是为了挣点儿钱养活我自己，我不想成为别人的负担，只靠救济活着。我有理想，我会努力……"

时间仿佛凝固了，周围一片寂静，李经理一动不动地站在那里，目光定在我手中的文件上。我喘着粗气，胸膛起伏着，仿佛还有好多话要说，但又一句话也说不出来。一秒、两秒……过了许久，他缓缓地对我说："你跟我来。"

他把我带到招商部，让员工给我在公园找个位置并填了一张摊位证。"免费的。"他补充道。

揣着证件走出公园的大门，我如释重负。脸颊的泪痕被风吹过，那丝痛感提醒我刚刚那个场景真实地发生过，这一切都太不可思议了。此后，我和母亲不必时时刻刻担心被城管追逐，也不必日日操心到哪里找摊位了。

"幸福之家"

"姐姐，姐姐。"一个小男孩站在我的面前，大约八九岁的样子。他脸上带着许久没洗过的污渍，笑容却那样的灿烂无邪。他穿了一件又旧又脏的蓝色衣服，身上系着一件黑色的塑料长围裙，一直盖住了脚尖，围裙上印着四个醒目的大白字——"幸福之家"。和他闲谈后我才知道，这个小男孩的爸爸在戒毒所，妈妈不知去向。他本来跟奶奶住在一起，可奶奶又过世了，他身边一个亲人也没有了，就跟着一辆货车来到了成都。

"我爬货车来的，没被人发现，没花钱。"他调皮地说，有点儿小得意。我低头看了眼他手里的一个木制的油漆桶，看到油漆桶里面放着一些鞋刷和鞋油。他就用这些，以满街跑着给人擦皮鞋为生。

我心里的某个地方碎了一角。我多想帮帮他，带他去洗个澡，给他穿上新衣服，再带他去吃点儿热乎乎的饭，甚至送他去上学，带着他一起生活。可我连照顾自己的能力都没有……后来一连好几天，他都会来到我桌旁，问一声姐姐好，站一会儿，看我写字。看到他稚嫩的脸庞，我的心是那样的柔软，但我又是那样的无能为力。

夜幕降临，都市的夜生活拉开了帷幕。市民们吃过饭出来散步，我有了零星的生意。不忙的时候，借着闪烁的街灯，我凝视每个过客的表情，每个人都有自己独立的小世界。小男孩的身影时常浮现在我眼前，那个刺眼的围裙，那个灿烂的脸庞，成为我脑海中挥之不去的画面。他提醒我，不要觉得自己有多悲惨，这个世界到处都有更悲惨的故事。也不要认为自己多了不起，比自己优秀的人比比皆是。所以，抱怨和遗憾只会消耗我们的心力，除此之外毫无意义。

这一年春节，我们没有回老家。公园有举办迎春灯会，人来人往的，生意就多了，弟弟也赶来帮忙。城市的春节更加热闹，除夕之夜，天府广场烟花璀璨，映照着整个天空，营造出一派欢乐祥和的气氛。在弥漫着烟花味道的空气里，我们一起吃了年夜饭，新的一年就这样开始了。

这期间，公园里的灯会每晚都要开到十二点才结束。我们大概十一点半收摊，坐四十分钟公交车回到住处，简单吃点儿东西就睡觉，第二天八点起床，收拾一番纸墨笔砚，吃过中午饭再去公园。我们按照这样的节奏奔波着，一直忙到过完元宵节。

当都市的天空再次燃起节日的礼花，我暗自庆幸这属于我的一切。

自食其力

　　来成都之后，我一直想找一位专业的书画老师学习一下。经市里书协的老师介绍，我和母亲几经周折，终于找到了成都望江楼公园旁边的一位书画家，希望他能指导我的书法。这位老师是残疾军人，他失去了两个手掌，用一个环夹着毛笔，套在手腕上写字。母亲把我最近的作品展开给他看，他看完后，又问了一些我的情况，沉默了许久。母亲很着急，我也满怀期待，没料到当头就是一盆冷水泼了过来："书画这条路不好走，要有悟性，需要的时间又长，你不如改做个小生意。"听了这句话，我和母亲一时不知道该做何反应。这位老师继续絮絮叨叨地说着，甚至列举了哪些小生意比较容易做。我的心慢慢往下沉，难道辛辛苦苦蹚出来的路，刚刚看到希望就这么被否定了吗？不过，我也在反思，老师说的也有对的地方，以书法来谋生，以我的能力是不够的，别人买我的字，大部分是出于同情。书法也的确是一条漫长而艰难的路，而生存是现实的一朝一夕，迫在眉睫。靠写书法为生，显然不是长久之计。

　　梦想再次遥不可及，我就像一个苦行僧一样，走在一条不能回头又没有尽头的路上。我看着眼前所谓的书法作品，这些我咬着笔杆儿，一点、一横都是用血和泪写出来的字，竟默默无言。

　　在社会行走，经历的人和事越来越多，慢慢会变得处变不惊。有些话，有些画面，都如早晨的薄雾，黄昏的炊烟，只管静静地看着它悄然升起，又无声飘散。

周日的公园人流如织，我正在忙着，一男一女来到桌前，年龄看起来都在四十岁上下。男的身材魁梧，挺着啤酒肚，手里拿着个公文包，头发梳得一丝不苟。女的一头黄色的直发，略施淡妆，很精致。男的一边打开公文包一边问："你是哪里人？""资阳。"我答道。那人又问："在这里写字赚钱很辛苦吧？"他过分的热络让我一时摸不着头脑，就没接话。他想了想，继续说："你可以不用这么辛苦的，你去我家吧，我给你找个专业老师指导你，为你提供住宿和生活费，愿意的话联系我。"说着，他从包里掏出一张名片放在桌上："我也是资阳的，这几天在这里出差，后天就回去。想好以后给我打电话。"

有人要主动帮助我？当天晚上，我和母亲一直都在讨论这个话题，既高兴又顾虑重重，始终拿不定主意，于是我拨通了表哥的电话。表哥是我家亲戚中第一个考上大学的人，学识丰富，值得信赖。听了事情的经过，他决定先给那个好心人打电话谈谈。

谈过之后，表哥回复我们，那个人是可以信任的，如果想要寻求帮助，他是个很好的选择。但他又犹豫了一下，接着说："但是我想给你一个建议，你最好还是靠自己，虽然苦一点儿、累一点儿，但腰板硬一点儿，不给自己找麻烦。"

这许许多多、日日夜夜的抗争，不就是为了靠自己吗？！

我仔细酝酿措辞，拨通了那位好心人的电话："非常感谢您，但我确实不想给您添麻烦，我想靠自己，祝您好人一生平安。"

打完电话，我终于舒了一口气。

说出"靠自己"这三个字，让我由心底生出许多力量。脚下的路虽然坎坷，但我知道它将通向何方。每个人自己的路，终须靠自己一步一个脚印地走出来。

我相信，上天在给我足够多的打击和磨难之后，总有一天会给予我生命的馈赠。

第五章
希望的火苗

一个个的困难考验着我的耐心和决心，一点一滴的进步又给我带来向前走的希望。我们不是因为有了希望才坚持，而是因为坚持了才有希望。

火一样的人

我在公园卖艺的新闻不胫而走，成都电视台一个栏目的编辑找到我，想要为我做一期专题报道。为展示真实的生活细节，他们还一同来到了我乡下的家里，拍我穿衣、写字、吃饭、散步等一些日常生活场景。

"家里条件这个样子，你有没有到城里安家落户的想法？"采访的记者看着斑驳的泥墙和檐下的蜘蛛网问我。我坦然回答道："一点儿都没有。"这是我的家，我在这里住了十八年，条件再差，也只有这里会让我心安。我心想，这虽然是间陋室，可是"君子居之，何陋之有"？意识到自己竟然以"君子"自居，我赶紧低着头抿嘴浅笑。这个小心思没有被人看出来，心下掠过一阵淡淡的窃喜。

结束的时候，记者让我写一幅字送给他，我并不太情愿，因为他带有浓浓的优越感，刚刚提的很多问题都是我所抵触的。不过，跟拍的摄像记者却给了我意外之喜。这位三十七八岁的男士举手投足间都透着成熟稳重，很少说话，爱抽烟，扛着沉重的摄像机跑前跑后，有时忘我地站在危险的山崖边上，扭着身体，只为了拍出满意的镜头。我感动于他的专业精神，用心用力地配合，但毕竟是第一次出镜，不得要领，给他的工作添了不少麻烦。

临走的时候，他从随身带的包里拿出一本蓝色的书，说道："以前写的一些散文，送你看看。"

封面很简洁，一片沙漠，一棵几乎没有叶子的树，树和沙漠的上面压着一排大字——《雕塑生命》。他郑重地盖上了自己的名章，然后送给了我。

"世界是大海，人生是航船……"

"我满怀希冀地驾着我的小船，驶向那未知的彼岸，也许我会收获满船的珍珠宝石，也许，我会遭到暴风雨的洗礼，桨折船翻……"

读着读着，心暖了、软了，鼻子酸了，眼眶热了，然后眼泪汹涌而出。

我一口气看了三遍，每看一遍都泪流满面。人生是多么宏观的议题，而生活又是多么烦琐的现实！我不禁联想起自己注定风雨飘摇的人生，想到自己曾经和现在所经历的一切。我此刻就如同漂泊在大海上的一只小船，任何时候都可能被海浪席卷吞没而葬身海底，万劫不复。看完这本书，我躲在阁楼的旧被窝里抽泣，全身颤抖。

长久以来一直不敢启齿的伤痛，所有的忧虑、惶恐和无可名状的心绪，被一个摄像师理解得如此透彻，这让我百感交集。以前是作茧自缚以逃避外面残酷的世界，而今这个茧已经令我窒息和痛苦，我感到自己迫不及待地需要破茧成蝶！我一遍遍地呼喊着他的名字，觉得他就是世界上那个最懂我的人。

　　节目后期补录的时候，我再次见到了他。在我的阁楼上，他坐在我的对面，戴一副茶色墨镜，我因看不清他的表情而惴惴不安。他试探道："今天——似乎有什么不一样？"我知道他指的是书桌上那束娇艳的红玫瑰。

　　"这是今天早晨和妈妈去市场，在路上顺便买的，一毛钱一支，觉得挺便宜，所以就——"轻描淡写的解释在他面前顿时变得苍白无力，尴尬却是真实的，一时间我窘在了那里。

　　为了缓和气氛，他说你唱首歌吧，平时最喜欢的歌。我给他唱了《火一样的人》，这是我受伤后第一次在一个不熟悉的男子面前唱歌。他眼圈有些红，感动于我对生活的炽烈追求，用摄像头对准我的脸，逼我说自己是"火一样的人"。在我感到惊恐和难为情的时候，他又告诉我，其实镜头并没打开……

　　聊了很久很多，他告诉我，他也是从别的城市来成都打拼的，没有亲朋好友的帮衬，也是一人飘摇了许久……

　　送他走后，我一个人坐在书桌旁发呆。从今以后，我要像火一样燃烧起来了吗？

姐弟情深

2002 年，我们家得到了当地残疾人联合会、民政局和教育局的帮助，弟弟也终于重返校园。这是我发生事故三年以来我们家迎来的最大喜讯。

第二年，因为"非典"的到来，我和母亲被迫回乡待了一段时间。

刚恢复学业的第一个学期，弟弟要我去给他开家长会，我想他是以我为荣的。但是后来，他的成绩渐渐下滑，只有数学成绩勉强能在班里排到中上水平。老师还反映，他和同学打架，聚集起班里一帮成绩不好的男生，跟外班同学打群架，甚至将另一个学校的表弟也叫来，一人领着一帮人，在乡镇的学校中称霸一方，专门替同学打抱不平，影响恶劣，亲戚们也都开始警告自己的孩子不要和弟弟来往。

我知道后很生气，好不容易得来的上学机会，他竟然这样不知珍惜。我质问他："为什么要和同学打架？"开始他并不正面回答，要么沉默不语，要么就让我别管。我当然不能不管，继续追问，他才说："谁让他们说话太难听，让我难受，让我不舒服。想要欺负我，没门儿！"

弟弟所在的中学正是我毕业的学校，因为我，弟弟在学校也成了"风云人物"。每每有人在课堂上调皮，老师就拿出我的例子来说教一番，听起来似乎是一段很励志的故事，但在青春期孩子的眼中，这并没有起到正面的作用，反而引起了他们的嘲笑。在外面受了委屈，他却不跟家人说。也许他觉得跟家人说也没用，他能想到的解决办法就是打架。

我当然痛心，也多次找他谈过。

"你不会跟老师说，让老师处理他们吗？"

"唉，姐，你不懂。"他小声争辩。

老师拿我的例子说教没有错，同学们却嘲笑我的遭遇，调侃他因祸得福能上这样的学校，这些言语传进一个年仅十四岁的男孩耳朵里，极大地伤害了他的自尊心，于是他开始叛逆。老师、同学、左邻右舍以及亲朋好友都对弟弟的做法很不理解，他甚至成了周围父母们教育孩子的反面教材。

▲我与弟弟

我当然相信，弟弟不是坏孩子，他只是不想被别人欺负，他想尽自己的能力维护这个家的尊严。

弟弟读到初二的时候，表哥所在的中专扩招，二姨和五姨商量把表弟们都送到表哥的学校去，弟弟知道后也很开心，迫不及待地要去。至少在那个离家一百多公里的地方，没有人知道我的事，他可以远离这些人事上的纷扰。就这样，他和另外两个表弟一起去了这所财贸学校。

可惜，事情没有如我所愿——弟弟并没有改掉打架的毛病，甚至可能因为有另外两个表弟在身边，三个人"团结一心"，更加肆无忌惮。

寒假期间，弟弟来成都后一直不和我多聊。我想他内心一定知道，这是个多么难得的机会——一个我和他都曾经无比渴求的读书的机会，甚至是改变命运的机会。也许他内心也在自责，想改变，可是他不知道该怎么做，而我也当不了他的人生导师。

有的时候我甚至想，如果不是因为当初我的遭遇，弟弟是不是就能一直待在学校里按部就班地念书，现在仍旧会是大家心目中的那个好学生？不可否认的是，我的事对弟弟的处境和人生造成了一定的影响，对此我感到很自责。所以，在未来的生活中，我一定要帮他。

我决定让他来打工体验一下生活，在一个建筑工地上做小工。年少的我们总要撞到南墙才能回头。

随着新的一年开始，一切都有了转机。

因为在工地上的磨炼，弟弟终于意识到了学会一项生存技能的重要性，他找到了自己的兴趣，自己报名学习室内装修。我清楚地知道，当一个人真正地感受到了自己的价值，那他哪怕再苦再累，心里都会开心的，这像极了我刚开始学写字的时候。

他整天兴高采烈、干劲十足，穿着染满各色涂料的衣服，得意扬扬。这才像我原来的亲弟弟啊！

偶有闲暇的时间，他会说"姐，我给你修眉吧""姐，我给你洗头吧"。体贴又手巧的弟弟真是招我喜欢，帮我修眉、洗头的时候，他会跟我聊天，说他的老板对他评价很好，师父也很用心地带他，他已经学会了铺地砖，学会了刮泥子。他还说，过段时间，他也可以从老板那里单独领些小活来干了。"就是包活干。"他补充道。

生活就是最好的老师，它会教会你很多道理，即使你曾经觉得无路可走，无计可施，它也不解释、不争辩，仍然慢条斯理，用最简单的时间推移，展现给你深刻的道理。

寄居蟹

我是城市里的寄居蟹，蜷缩在借来的螺壳里。

我们租住的阁楼对面是一个电器批发商的库房，老板娘是个江南人，十分精明，伶牙俐齿。每次见面，她总是笑靥如花，用并不地道的成都腔喊道："哎，小妹儿，过来耍哈嘛！"相比这种夸张的语气，我更喜欢她原本的吴侬软语。有的时候她路过，也会进来串门，看到我的字，嘴里会不停地称赞："写得好，写得好啊！"

有一次她和母亲在外面寒暄，母亲借机问她的店里是否需要看店的工人。老板娘赶紧摇头："哎呀，就是要，你们家那个——也不行啊。"母亲愣了一下，赶紧解释："我不是那个意思，我有两个侄女跟我女儿差不多大，没有工作，她们是正常人。"即使隔着门缝，我仍然能感觉到母亲话里的局促和自卑。

自从我失去了双臂，母亲就与我寸步不离，成了我的生活支柱。这几年，母亲从来没有在我面前表现出任何的不满或是抱怨，对所有扑面而来的磨难，她都不吭一声地接受着。但是我知道，她总是希望我能够为自己、为家里争口气。

在陪伴我的日子里，母亲几乎完全抛却了自我，竭尽所能地宠着我，全身心地为我而活。那时的她也不过四十岁刚出头，离开家乡，离开弟弟和父亲，带着残疾的我到一个个陌生的地方寻求一条生路。三年来，占据我脑袋的永远都是我的"下一步"、我的"目标"、我的"明天的明天"……我不知道母亲在看见我烧焦的双臂的时候，有多么惊慌和心痛；不知道她在我昏迷不醒的那七天七夜里，有多么担心和害怕；更不知道她带着没有双臂的我，走在去娘家和婆家的路上时有多么悲伤和难过。

日复一日，我和母亲在这座城市里找寻生存的夹缝，也必须在嘈杂里找寻内心的安静，安置好肉体和灵魂。

不摆摊的时候，我经常去荷花池批发市场，那里是一个大型的综合性批发市场。每次去那儿，我都喜欢找个离出口近的地方，静静地待在那儿，看"背包的"在人海里穿行。这些肩头上扛着大包货物匆匆穿行而过的人，是这个市场里特有的劳动力。没活干的时候，他们就坐在市场门口的台阶上，抽烟、打盹儿，乱糟糟的头发一缕缕地蜷缩在头上，黑红的脸上泛着油光，耐磨的粗布衣服上满是灰尘和污垢，腰带随意地扎在外面，脚上橄榄绿的解放鞋"龇牙咧嘴"。他们手里拎着一捆麻绳，听见有人喊"背包的"，会立刻跳起来，精神抖擞地冲过去。

这些被呼来唤去的、社会最底层的劳动者靠出卖自己的体力养家糊口，在我的心中，他们是有尊严的，能自食其力就有活着的尊严。我来看他们，就是来获得这种力量的。我必须积聚足够的力量，才能打赢在城市里的这场生存战。

第六章
在探索中成长

我像一个向死而生的战士，冲破重重阻碍，一心要扼住命运的咽喉。

进京

八月，一封来自北京的信，让我们平静的生活泛起了涟漪。这封信来自某艺术团，他们有意邀我去做演员。

父亲有些犹豫，他怕我上当受骗。但我已经成年，这一次，我想要自己做出决定。

我知道这件事成败皆有可能，如果失败，我会失去什么？我有什么好失去的呢？我年纪尚轻，未来的路还很长，如果不敢去尝试，就绝没有成功的可能。

北京，这个很多山里人从小就知道却一辈子都没有机会踏足的地方，是多少人期待的远方。对我而言，北京是出现在电视里的一个个画面，如今我却能真实地拥抱它、触摸它，这个吸引力足够大，大到我愿意为之克服一切困难。

我在心里打定了主意，要接受这个未知的挑战。母亲一如既往地支持我、陪伴我，父亲和弟弟虽有不舍，但还是默不作声地抢着为我准备行装。

从汽车站辗转到火车站，在候车厅里，我看着母亲手里的两张火车票，全神贯注地听着播音员的播报，紧张得直冒冷汗。这哪里是去北京的路啊，这是我通往梦想的时空隧道！好像车一到站，我就可以触碰到梦想！

车厢里真挤啊，我靠窗坐着，右边是母亲，母亲的右边是一个小伙，一口京腔，应该是北京人。我们对面坐着一对年轻的夫妻，尽管隔着小桌，但脸对脸还是感觉十分别扭。我用略带惶恐的眼神悄悄四处打量，还好，没发现邪恶的面孔。不过即便有坏人，坏人找我们下手也算是看走眼了。我甚至想，如果艺术团的人欺骗我，大不了我就在北京摆地摊卖字。北京肯定比成都大，人更多。

火车上的时间过得很慢，对面的夫妻情意绵绵，有说不完的话。母亲跟旁边的北京小伙东拉西扯，我靠在她肩上迷迷糊糊地睡着了，火车继续在漆黑的夜里奔驰。

一觉醒来，天已经大亮，我才发现自己整个人躺在座位上，占据着三个人的位置，母亲和北京小伙就站在旁边。我不好意思地连连道歉，心里暖暖的，看来北京人挺好的。

演员生涯

我和母亲按约定找到南广场，来接站的是艺术团的团长和助理。团长是一个典型的北方人，长得粗犷高大，声音洪亮，是川地很少见到的模样。艺术团位于北京东郊的一座四合院，这里有三间主屋，客厅的大门挂着彩色塑料条门帘，一套黑色皮沙发占了大半个房间，左右的卧室门都紧闭着，客厅里没有窗户，空气不能流通，让人有一进门就想立即退出去的冲动。

此时正值秋天，北京最好的季节，天高云淡，阳光和煦，处处都有开得正艳的月季和映山红。这个陌生的地方完全没有大城市的样子，应该算乡下。抱着"既来之，则安之"的心态，我每天都在村子里散步，主动和人搭讪，很快把这个艺术团的情况了解得七七八八。

这个艺术团里有三十几个人，包括舞蹈队、歌手、主持人等。

舞蹈队除了队长和一个男孩以外，大都是河南来的聋哑孩子。另外还有三个独腿的舞蹈演员，一个是舞台总监的丈夫，两个是年龄在二十岁左右、美丽孱弱的女孩，来自山西太原。

舞台总监来自江西，三十多岁，身高不足一米，是个女歌手，据说除了摇滚什么都能唱。还有一个歌手患了小儿麻痹症，站不得，只能坐轮椅。最忧郁的歌手是帅帅，帅帅本是跆拳道运动员，在一次比赛时伤到脊椎，从此再也站不起来了。七尺男儿困于轮椅之上，郁郁寡欢就成了他的常态。

最酷的是流行歌手海冰，在团里绰号"阿杜"，海冰为了模仿阿杜，行为做派、穿衣打扮丝毫不马虎，但最像的部分还是他的声音，几乎达到以假乱真的地步。海冰的老婆跳独舞，广西人，她有着壮族女人玲珑娇美的身材，明媚的大眼睛波光流转。其实，真正令我羡慕的是，他俩都是正常人。

还有一个盲人，大家都叫他田老师，五十多岁，做事有板有眼的，擅长软弓京胡，他很容易让人联想到民间艺术家阿炳。

最乐观的是两个主持人，一男一女，男的缺少右手掌，女的有轻微的腿部残疾。

一团人算下来，我是这里面伤残等级最高的。

每天我们都会去文化广场排练，这是个露天的场地。排练时间很长，强度也不小，大家都觉得很辛苦，但我不觉得。像我们这样的人，要想靠自己生存，必然要付出更多，这样才能换来尊严。

大家每天都热热闹闹地生活在一起，这份热闹冲淡了我们心里的那些伤感。

村子里的中秋节

很快到了中秋节，副团长带着我们去北京昌平区的一个村子表演。那天刚好又是教师节，上午我们在村电影院里先为老师和学生们表演了一场，结束时我写了一幅"桃李芬芳"。午饭后，副团长说村领导想要我写几幅字，就带着我和母亲去找他。

按照村领导的要求，我连续写了四幅字。末了，他拿出了一沓钞票放在桌上，副团长赶紧赔着笑脸一把拿过来塞进包里。出来后，副团长拍着我的肩膀笑着说："你这么可爱、乖巧，以后我就做你的干妈吧，抽空带你去我们家玩，帮你挑个北京女婿。"

母亲低声跟我嘀咕："钱呢？刚才那个钱……"副团长连忙解释："这钱会分给你们的，我先替你拿着，不过不会全给你。以后这样的机会多得很，只要你听话，大家都有好处。"

　　"那你打算给我们多少？"我问。副团长没说话，我也没追问，打算晚上演出结束后再和她谈。

　　晚上的演出在村外的一片空地上。听说观众会超过一万人，演员们个个都显得十分兴奋。我们提前一个半小时到场布置舞台，已经有很多人在那里等着了。七点半，天已经全黑了，演出正式开始。

　　月亮贴着地平线升起来，像一个巨大光亮的橙色圆盘，挂在漆黑的天幕上，美丽极了。舞台也被聚光灯照得亮堂堂的，观众席里人头攒动，一眼看不到边。演员们都很在状态，我们的节目很精彩，赢得了观众一阵阵热烈的掌声和欢呼声。

　　我还沉浸在演出成功的喜悦里，黑暗中听见母亲叫我，说副团长找我。副团长在舞台不远处的大车后面等着我们，她拉开挎在肩上的包，掏出钱点了一半，剩下的塞回包里，然后把手里的钱又仔细数了一遍，才递给母亲，说："给，这是你们的，钱不会少你们的，好好干，跟着我不会让你们吃亏。"

　　这个中秋节之夜，给我留下了太深的印象，我记住了北京昌平的村子，记住了副团长在大车后面分钱给我的情景。人群散去，夜很静，秋风徐徐袭来，带着桂花甜甜的味道。

　　北京的秋雨下得急躁，也下得猛烈。好好的天忽然阴了，一阵闷热后，雨哗啦啦地就来了。密集的雨点敲打窗户，像是奏起了一首悠扬又熟悉的歌，歌声流进我心中那个温暖的角落——家乡。每到下雨，我就会格外地想家，因为四川经常下雨，雨是我和家乡联结的丝线，绵密而悠长。

不知道家里有没有下雨，父亲是不是又戴着斗笠去割猪草了？狗蜷缩在台阶上躲雨，奶奶来了也不去迎接；鸟儿没有躲雨的地方，站在树枝上，费尽心机还是无法抖动湿了的羽毛；鸭子是兴奋的，哪怕只是没不过脚的水也开心，若是找到几粒收割时遗漏的谷子，它们便会更欢快地叫着。

到不了的是远方，回得去的是家乡。

傲气与决绝

一次我们去天津演出，下午三点出发，晚上七点半开演，十点返程时司机由于天黑弄错了方向，把大巴车开到了天津市的塘沽区（2009 年与汉沽、大港二区合设为滨海新区）。深秋，北方的夜晚刺骨地冷，尽管大家浑身疲惫，寒冷和颠簸却让人毫无睡意。回到艺术团已经是凌晨两点，第二天五点还要出发。我倒头便睡，刚眯了一会儿就被叫醒。天还是黑的，风刮断了电线，我们摸黑穿衣，摸黑上车，继续迷糊，天亮的时候，不知道到了哪里的一所偏僻的小学。我们在车上草草吃了早饭，就开始了一天的演出，又是当晚返程，又是一身的疲惫。回到艺术团，翻开日记本，我本想记录一下这最辛苦的一天，才发现这天竟然是那个特殊的日子——9月19日。

已经四年了。

一刹那好多回忆涌现在我心头，失去的双臂，一贫如洗的家，弟弟辍学，妈妈精神恍惚几乎失忆，爸爸在崩溃边缘沉默不语……我以为自己会慢慢忘记，却发现时间并没有抹去悲伤。

三个月的随团生活，我已经基本适应，尽管吃住的条件不好，工作很累，我还是喜欢的。我们这群残疾人活得如此高贵却又如此卑微。高贵的是，我们没有屈服于命运，人人都有所长，自强自立，并且保持了对生活极高的热情和期望；卑微的是，残疾这道鸿沟，严重地阻碍了我们获取正常生活和工作的优质资源，各种努力都带有一丝博得同情的乞讨的味道。这让我那颗倦怠的心时不时地就会刺痛一下。

而我的表演节目几乎不变，演出就像集体卖艺。这样连轴转的日子，让我几乎没有时间静下心来练字和读书。夜晚睡不着的时候，我开始质疑当下的自己：每天的排练和演出就是我的人生吗？

十一月初，当我正式把离开的想法告知团里的时候，不想却掀起了轩然大波。

首先是团长不同意，他说："演员都是一个萝卜一个坑，你走了谁来填补你的位置？那么多宣传单都发出去了，人家是看了节目表才定下的单子，到演的时候没有你的节目，我们是要赔钱的。"副团长也来做我的工作，业务员也劝我不要走。

男主持人也充当了说客，他是辽宁葫芦岛人，我们在东营村的广场上聊了起来。

他说："刘仕春，你是团里的台柱子，你知道吗，你的节目要是没有了，整台演出不知道要逊色多少。你很优秀，但是，你也有一些缺点，可你自己看不到。"

我不服气地说："那么就请你赐教。"

他毫不客气地说："你太傲气了，而且很固执，刚愎自用。"

我心里一震，避开他射过来的目光，望向广场边上一排漂亮的路灯。

"你看你说话时的那种态度，头昂那么高，眼睛从不看一眼对方。"

"哦，是吗？"我的声音小得可能只有自己听得见，问他不如说是问我自己。我原本没有什么资本可以傲气的，这么多年来，我是在面对一个个困难的时候，渐渐傲了起来，就是那种满不在乎，拧着脖子强装傲气的模样。我用这傲气作铠甲，保护着里面那个受伤的灵魂，而这种态度已不知不觉中被我带入日常生活中了，这会

▲曾用傲气作铠甲

让别人误解。但我不想解释。

　　感谢在艺术团的日子，证明了我可以靠自己在北京生存。但我的心已经不在此地，我有了更高的追求。不顾一切地奔赴，又决绝地离开，这种看似慌张的攀爬，也印证了我内心的笃定，养成了我速战速决、不浪费时间和精力的作风。是的，我不能浪费任何时间和精力，我甚至顾不上看自己一眼，顾不上心疼自己哪怕一秒。我像一个向死而生的战士，冲破重重阻碍，一心要扼住命运的咽喉。

第七章
重拾梦想

当我挺起没有双臂的身躯，踩在曾和母亲劳作过的大地上的时候，我恨不得把自己的双脚也植进泥土，借助肥沃的土壤和大自然的雨露获得重生。

大学梦

我们终究还是回来了，回到阔别不久但心里思念了千百回的家乡。我跑进熟悉的小院里，大黄猫还在老地方慵懒地晒太阳，已经长大的鸡满院子里溜达。大黑狗没有出来迎接我，得知它走丢了，我很是伤感。后院的草长高了，无人打理，有点儿荒凉。父亲也比我们走的时候更黑了，更瘦了。

回到熟悉的家，躺在自己的床上，我好好地伸展了一下自己的懒腰，舟车劳顿的我要舒舒服服地睡个好觉。夜很深了，一片寂静，我却辗转反侧没有睡着。城市里大车小车的轰鸣声似乎仍然震动着我的耳膜——如此安静的环境竟令我一时难以适应，熟悉的一切像梦境一样清晰却不真实，心底平生出一些陌生感。家乡大概就是这样吧，离得越远越是思念，我只要想起它内心就有股安定的力量，等到真真切切地回到它的怀抱，这股力量却淡了，淡到觉察不到。

我走到田野，地里的麦苗才刚刚破土，远远的还看不出来，割光了草的土埂上，点缀着豌豆和胡豆嫩绿的幼苗。雾和炊烟总是先填满山脚，山腰上一排排墨绿的柏树，永远没有荒凉也没有萧瑟。一切都静静的，一成不变地摆在眼前，风没有来，大地裹在湿漉漉的寒气中。雨水抚平的山路，让人找不到昔日的足迹，近处的树、远处的山，一个个都瞪着眼睛看着陌生的我。我像一个被拐卖的孩子，回不去故土亦挤不进他乡，恐惧和无助将我团团围住，想落荒而逃却不知道逃向何方。

我是谁？我属于哪里？我应该去向何方？家乡的宁静舒缓，让我得以梳理自己的思想，慢慢地，一切变得清晰了，是那个揣了很久的模糊的梦——大学梦。

行千里路读万卷书，许是因为看得更广阔了，心也坦然了许多，历经磨难之后，我们都变得更成熟了。正是因为什么都没有，不怕失去才能更好地去获得吧！

这些年，无论是怎样的境遇，无论为了生存做过多少次选择，我都不曾后悔，唯一的遗憾就是离开了学校。

梦想是用来实现的

我渴望有一天可以重返校园，圆我的大学梦。梦想是用来实现的，如果只是用来想想，那就是幻想。这些年的经历，让我相信行动力才是改变命运的唯一法宝。

我开始着手准备回学校继续念书，在这个过程中，我得到了各方人士的帮助，感激之情无以言表。母校的老师全力为我铺路，我顺利返校，直接进入了高三，开始跟同学们一起备战高考。

捧起书本的那一刻，我心里百感交集，对我来说，这是多么奇妙的际遇，与命运兜兜转转，我终于又回到了心心念念的校园。宽敞明亮的教室，整齐的课桌，和蔼的老师，可亲的同学……一切犹如梦中，却又触手可及。我是如此的不幸，却又如此幸运。

为了方便复习，我和母亲在学校附近租了房，又有了一个暂时的家。这是继资阳、成都、北京之后的第四个"家"，处处不是家，处处也都是家。此时已临近高考，对万千高三考生来说，这是改变命运的关键时刻，大家都处于破釜沉舟、背水一战的状态。因落下很多的功课，我只能更加拼命去补，把高中的课本全部翻看一遍，重点做模拟题。放下课本很久了，再重新念书其实是很吃力的，可我是快乐的，我在为自己读书，这就是我想要的。

双臂的失去，让我失去了许多，却也获得了很多。也许命运给了我磨难，也给了我抗争的机会，我的坚持在某些未知的时刻都悄悄地变成了荣耀。这一年，我开始收获各种荣誉，五月份，我获得了"资阳市十大杰出青年"和"四川青年五四奖章"等荣誉称号，我心里充满了无限的感慨。七月，我又光荣地加入了中国共产党。

断翅天使，美丽依然

2003 年，四川电视台《特别心动》栏目要录制"断翅天使，美丽依然"的专题，他们采访到了我。在我努力把伤疤遮住、假装忘记的三年之后，那次采访像一只残忍的手撕开了薄薄的结痂，把我的伤口袒露在人前，我仿佛可以看见在惨不忍睹的断臂处，那混合在一起的血与肉……录制不过几分钟，我整个人就泣不成声，节目几度中断，我自己也没有想到，伤痛在尘封了几年之后，痛定思痛的冲击如此之大，居然一次性爆发出来。原来我以为的坚强只不过是一层不堪一击的薄纸！我的本质还是脆弱的，我将伤口包裹得那么厚，是想忘记这痛苦，不想看到，不敢直视，我选择了逃避，只是如此这般地躲了三年罢了！

痛大了就麻木了，那一整天我都是麻木的。从走台到录制，从开始到结束，我始终在流泪，好像每一根神经都在脆弱地颤抖着，泪腺不受控地敞开了闸门。视线的模糊反而让我内观自己，我清晰地看到了自己的弱小和孤独，也看到了这几年我对自己的否认。原来我从未接纳过自己，我从未真的接受过这个现实，我一直活在虚无中。从在病房睁开眼的那一刻开始，我就像是打开了一个盒子，跳了进去，把曾经的自己完全隔离在外。而此刻，在彻底地哭过之后，我看到了那个胆小懦弱的自己站在我面前，我决定拥她入怀，我知道，那是需要我全力安抚、呵护的自己，是渴望温暖和慰藉的自己。

我终于回头和丢弃的自己重逢,然后抱紧了她,和她融为一体。

我终于活了过来,在失去双臂的三年之后,在我弄丢了自己很久之后。我也终于可以大声地告诉自己,要坚强,要努力,要真实地活着。

我的大学

在延迟了五年之后,二十二岁的我终于走进了高考的考场。高考成绩出来后,我参考了胡老师的意见,选择了远在山东的青岛黄海学院。

2004 年,我和母亲踏上了开往青岛的列车,去追寻我的大学梦。

到了学校,刚放下背包,我就迫不及待地赶到了海边。这是我第一次见到大海,第一次近距离感受大海的雄浑和大气,置身在被称为"亚洲第一滩"的金沙滩,真是海天一色,一望无际。我也曾在电视上看过大海,但那种感受和这种亲身的感受是无法比拟的。湿润的海风扑面而来,咸咸的,鲜鲜的,沐浴着我的全身,那是内

▲第一次到青岛看见大海

地人无法感受到的独属于海的气息，这些气息把我心里的阴郁一扫而光，让我产生了一种从未有过的豁达和舒爽。海浪卷起白色的浪花轻柔地拍打着金色的沙滩，赤脚走在沙滩上，细腻的沙子穿过趾缝钻了上来，在我身后留下了一串串脚印。

或许是因为海，我立刻喜欢上了这座城市，尽管是第一次踏足这座陌生的城市，我竟没有一丝忐忑和局促。怪不得青岛是无数文人墨客喜爱的地方，青岛既有着北方城市的大气，也有着海边小城的秀美，红瓦绿树、碧海蓝天是它独有的韵味。

黄海学院坐落在青岛的黄岛区，黄岛区与青岛老城区隔着一道海湾，那时去老城区需要乘坐轮渡。这是一座建在山坡上、面向大海的美丽校园，天气晴朗的时候，从学校的大楼上能看见海平面上的小岛和渔船。出了校门　直往南，步行十几分钟就能到海边，落潮时会有人在那里赶海嬉戏、挖蛤蜊。

跟家乡不同，八月底的青岛五点天就亮了，起床无事的我跑到海边锻炼，顺着沙滩追看海鸥，一群足有一二百只。在泛着粼粼波光的浅滩上，海鸥咕咕地叫着，扑腾着翅膀，偶尔低飞几米，我从它们旁边跑过去，它们也不会惊慌逃走，看起来跟人很熟络的样子。

为了生活方便，我没住宿舍，而是在学校附近租了我们的第五个"家"——一个平房。房东曾经是个渔民，如今在离家五公里开外的渔港开店卖捕鱼用品，他说一口本地方言，我们最初的交流并不顺畅。川地人人都习惯吃大米，而这里的主食是馒头，我常看到本地人吃馒头就大葱，真是一方水土养一方人。

虽然已经立秋了，但八月底的青岛暑热还正旺，当地人称其为"秋老虎"，但是昼夜温差大了，早晚很凉爽。这个季节合欢开得正盛，有黄色和红色两种，香味很淡，需要细细觉察。

北方人身材普遍高大，校园里北方学生又多，我穿着短袖T恤走在校园里，一点儿都不显眼，我很享受这种淹没在人群里的感觉，就像一个普通的正常人。这让我感到踏实和安全。

转眼到了十一，我们带来的七千块钱，除了交学费、房租和生活费等，仅剩下两百多了。家里的积蓄已经全部带来了，往后该怎么办呢？我和母亲又开始发愁，商量了很久也没有好办法，看来不得不回成都走老路，一边卖艺，一边上学了。一想到"卖艺"，我心里就五味杂陈。

"捧艺术为乞钵，一腔凄苦一腔泪……"我默默地念着这句诗，心底涌出些酸楚的味道。我又要被迫辍学了吗？我想堂堂正正、顺顺利利地念书，咋就这么难啊！憋了一周后，我决定去学院办公室申请休学，主任给了我学院董事长的电话，让我直接找他。怀着忐忑的心情，我拨通了那个说不清是辞别还是求助的电话，没想到董事长立即就说让我等他忙完手上的工作，中午到学校对面的饭店和他一起吃饭！董事长要见我和母亲！

隐隐的，有一些按捺不住的激动和紧张，我不知道接下来会发生什么事情。当我和母亲按约定时间进了学校预定的包间，我见到了学院办公室、招生办公室和素质教育研究中心的一些老师，还有几位副院长。

董事长刘常青看起来和他的名字一样很年轻，态度温和，朴实无华。我不知道这顿饭吃了些什么，心里有太多太多的感慨。我无论如何也想不到，在这样一座陌生的城市，初来乍到竟会得到如此厚待，这一切都太过美好，美好得让我不敢相信，我咬了咬嘴唇，疼的，这是真的啊，我这是撞了什么大运哟！

董事长给我全免了大学三年的学费，并把我安排到素质教育研究中心的孙教授那里去学习和做兼职老师，算勤工俭学，我可以领到相应的工资，而且，我和母亲可以搬进为教职工提供的单身宿舍去住！

我得到了校方主动的额外的善待，我也要求自己绝不能辜负这份情谊，要用实际行动回报学校。

师生情缘

素质教育研究中心的孙教授是一个偏瘦的小老头，眉毛又浓又密，总是一副和蔼的面孔。我跟着孙教授一起参加新生适应性训练，认真听他讲课，然后，在他的鼓励下，自己也开始走上讲台，讲述自己的经历和体会。就这样，我开始了既是学生又是老师的一种特殊的大学生活，偶尔在路上碰到一些学生，也会听到她们谈论我的声音。她们不知道，我并不是老师，我也是一名大一新生，想到这儿，一丝扬扬得意掠过心头……

有一次，我和同学们应邀去外教家过节，外教亲自为我们做西餐。我很喜欢他对待我的方式，不刻意，没有过多的照顾，他完全把我当正常学生，相信我会解决自己的问题，只是他也会注意我身边有没有同学给我拿吃的。他也很喜欢我的特殊之处，不厌其烦地跟他认识的人介绍、推荐我，指着墙上我送给他的字画赞不绝口。其实他不会说中文，估计也看不懂我写的画的是什么，文化不同，语言不同，但表达的感情是一样的。

大一第一学期快结束的时候，我认识了校园文化办公室的范立忠老师。范老六旬出头，中等个子，穿着简朴，头发花白，高高的额头平坦发亮，举手投足间尽显艺术风范。范老擅长花鸟鱼虫的小写意，他笔下的画作灵动而富有生机，引人入胜。看我谦虚好学的样子，他慷慨地决定教我画竹，这样我就又多了一位免费的好老师。

我在学校素质教育中心做兼职老师期间，也发生了一些令我始料未及的事情。很多学生见了我的人，听了我的课，就想和我当面交流。但那时的我因为学校的推荐和媒体的报道，获得了青岛的创建文明城市先进个人以及"感动青岛十佳人物"的提名等荣誉，不得不经常参加各种社会活动。很多时候，来家里找我的学生会扑空，他们就给我写信，倾诉他们的苦恼、困境，也会写上对我的钦佩之情，我没有及时地一一回复，结果就听到了一些刺耳的声音。我从未想过，有一天成为别人的榜样，成为校园里众人瞩目的焦点，我就不能再犯错，那些钦佩的目光是鼓励更是监督，我必须努力去维护别人眼里的完美。也许副院长说得对："站在风口浪尖上，不成为旗帜，便成为靶子。"

"如果你是泥巴，就把你烧成砖；如果你是金子，就让你发光。"学院推崇的这句话，让我觉得真的很受益。这样一所重视学生发展的学校，是极负责任的，也许在不久的将来，我也会在这里煅烧成一块有用的"砖"。"成功之前不要放弃自己，成功之后不要放纵自己。"这句话更是在无数时刻激励着我。

命运所有的安排都有它的意义，有些意义要等待很久之后才会显现，所以不必抱怨当下任何的不如意，不要用一时的好恶判断未来。我们不是因为有了希望才坚持，是因为坚持了才有希望。

移居青岛

我的心已经扎根在这里，我知道我再也不会漂泊了。

2005 年寒假，我和母亲回老家过春节。弟弟以前工作的装饰公司因经营不善倒闭了，他只好去一家工艺品批发店当了店员，干得不是很如意。父亲在家种地、养獭兔，他的小兔场从最初的四只种兔发展到了两百多只，随着年纪增大，他逐渐力不从心。春节过后，全家人商量未来的规划，最后决定一起来青岛。

在我开学的时候，父亲卖完家里的牲畜和粮食，一家人来到了青岛。

我们一家从 2001 年分开之后，终于能生活在一起了。这些年，四口人分居在三个地方，聚少离多，各自忙碌，我们甚至有一年的时间都没有互相联系过。想父亲和弟弟的时候，我就暗下决心，一定努力创造条件，争取全家团圆。

现在，终于夙愿得偿。

更让人意外和感动的是，父亲和弟弟来到青岛后都得到了学院妥善的安置。父亲在学校保卫处当了一名保安，弟弟进了学院的中职部，学习焊接技术，而我和母亲也搬进了学院新盖的教工宿舍。这样一来，父亲和弟弟都有了着落，中午我们全家还可以一起吃饭，甚至有了休闲娱乐的团聚时光，一起去海边挖蛤蜊，一起去逛商场、爬山，一起分着吃以前舍不得买的奶油蛋糕……

母亲也不闲着，在校园里捡拾废品，比如矿泉水瓶、啤酒瓶、纸壳等一切能卖掉的东西。到了收花生的季节，她会在中午吃完饭的时候，顶着炎炎烈日，去别人收完花生的地里捡拾遗漏下的花生。因为父亲以前干繁重的体力活，养成了喝酒解乏的习惯，花生就是她为父亲预备的一份简单又营养的下酒菜。

一家人其乐融融地生活在一起，日子平淡而幸福，虽然收入只能勉强维持生计，但我们也很知足了。回忆起从前一家人挤在土坯房里贫穷、平淡的日子，如今我们一家住在学校的宿舍里，相互扶持，过得很安心。也许正是因为什么都不曾拥有，才不怕失去，怀揣着一颗努力向前的心，只为更好地去获得。

一切都步入正轨了，我再也没有什么后顾之忧了。我不禁又感慨起来，经过六年的奔波和跋涉，最终在黄海学院董事长及各位领导的关怀和帮助下，我们一家人在青岛团圆了，我也能安心地上大学。

过去的好多事都渐渐模糊了，家乡的信息也越来越少，因为我有了新的生活。我依恋这个地方，是因为厌倦了漂泊。流浪，是一种悲苦和困顿，一种沧桑和无奈，更是一种忍耐和坚韧，一种奋进和抗争。我不惧怕它，但我想避免它、远离它，我是个女孩，我渴望安定的生活。虽然我只是在这里上学，但是在狂风暴雨的夜晚，我在明亮、安静、温暖又干燥的宿舍里，心里有一种归属感。我把这里认定成了"家"，这个"家"很完整，有父亲、母亲、我和弟弟。我的心已经扎根在这里，我知道我再也不会漂泊了。对于董事长、黄海学院给予我的这一切，我感激涕零，无以言表。

经过几个月的短期培训，弟弟取得了很好的成绩，在学校组织的招聘会中，他被中国船舶集团青岛北海造船有限公司相中，成为该公司的一名员工。从洗车工到打磨工，再到吊车师傅，秉承吃苦耐劳的精神和一腔出人头地的抱负，十八岁的弟弟在人生之路上越走越踏实。

活过来的我，也终于可以回顾这些年的经历，并将它们统统写了下来。黄海学院给我提供了一个这样的讲台，安排我在新生入校进行适应性训练的时候，把我的故事讲给他们听。在这个能容纳四百人的小报告厅，我每次演讲时，台下都座无虚席。他们跟我一起悲伤，一起欢笑，一起憧憬未来，一起暗暗地鞭策自己。

一路走来，虽然磨难重重，但是收获的帮助也是数不清的，我随时愿意回馈。

因为媒体的报道，我的演讲开始受到越来越广泛的关注，从小学、中学、大学再到基层党委、政府机关，一场场的演讲下来，我感动了听众，也感动了自己，越来越多的理解和赞誉也接踵而至。好像某一个瞬间，我终于能感受到自己的力量，我不再是一味接受帮助的弱势群体，而是成了可以发光发热的能量来源。当我去学校给学生做报告的时候，我觉得我在做一件有意义的事；当我给意志消沉的朋友做心理疏导的时候，我看到了我活着的价值；当我站在舞台上，为残疾人义演义卖的时候，我感到这个社会是多么地需要我。我终于有了自豪感。

我心里种下了一颗小小的种子：如果一个历经磨难而自强不息的人，能在短短的几十分钟里把自己的故事分享出去，能带给那些灰暗蒙尘的心哪怕一丁点儿的光明，这是多么有意义的事啊！当心里有了这样的期盼，活着就不仅仅是为了活着，人可以帮助人，这才是人活着的意义。此刻的我仿佛知道了自己的使命，好像这些年的经历都是为了此刻，都是为了让我可以跟大家分享生命的感悟。我深深地感受到了自己的幸运，也深深地知道了何为"自助者，天助之"。

毕业季

　　白天来不及思考暮色的苍茫，夜晚也无意回顾日间的明媚。风风火火地从这一场演讲换到下一场，掌声不停，我心中的激情一直在荡漾。人在顺境的时候，时间总是过得飞快。在还没来得及为时间填上多少注脚，还没来得及规划多少未来的时候，我三年的大学时光就要宣告结束了。终于，持续的亢奋和忘乎所以被一盆冷水浇醒，日子突然清净了，突然没有任何日程安排。无事可做的我有些惊恐地发现：沉浸在掌声中太久，我竟会忘了做该做的事。

　　掌声是送给曾经的过往的，如果停滞下来，那么未来一定会失去掌声。这些所谓的成绩在我站上讲台的那一刻，就已经成为过往，时间不会定格在掌声响起的那一刻，讲台下的我如果失去了上进心和进取心，这一切就都没有了价值依托，我的人生还有很长很长的路要走。

　　即将大学毕业的我和同学们一样面临就业的问题，我该何去何从？因为身体的局限性，我甚至无法给自己做规划和定位。我不得不思索：我可以做什么？我又一次因生存和发展的问题陷入困境之中。我也像同学们那样为自己精心制作了求职简历，带着一摞简历去人才市场的招聘会。我穿梭在求职者的行列中，顾不上别人向我投来的异样目光，却一份简历都没有投出去。困顿和惆怅，消磨着我的意志。

同学们都拼尽全力地为自己寻找出路，他们渐渐都有了着落。而我呢？如果回四川的话，一切都要重新开始，我能找到工作吗？我能做什么呢？如果留在青岛的话，我又能做什么呢？这一切都像是一座座大山压在我的心头。我在人才市场上不断地受挫，甚至不用他们直接拒绝，往往是看完招聘条件，我就会很有自知之明地转身离开。我知道自己找工作难，可没想到这么难。困顿和惆怅，令我无法专心做任何事。

　　我不是没想过自暴自弃，在频繁受挫又毫无出路的时候，天是黑的，躺下来闭上眼什么都不做、都不想虽然很舒服，但我知道，天会亮，躺久了会更不舒服，如同我曾躺过的病床，医生说过，要想康复得快就要多活动。天黑了就好好休息，天亮了就起来多活动，身体如此，精神也是如此。

　　于是天亮的时候，我就去看大海，许巍在歌里曾经唱过："每一次难过的时候，就独自看一看大海。"对一个在大山里成长的孩子来说，可以随时看到大海是一种幸福。大海是多么包容、多么豁达，好像只要看一看大海，一切烦恼都没有了。站在学校的后山顶上，俯视远处的大海，感受海风、山风把一切都吹尽的爽快。"让暴风雨来得更猛烈些吧！"我想高尔基的《海燕》描写的就是此情此景，既然我飞到了海边，我就要比海燕更坚强！

　　青岛一定是我的福地，黄海学院再次让我感受到高等学府的人文关怀，学校又一次向我抛出了橄榄枝。

　　我也曾经幻想过自己能留校，但当幻想不再是幻想的时候，当事人一定是最后相信事实的人。我真的留校了，而且成为学校团委的一名心理辅导老师。

我的心里是有些歉疚的，自己目前是不足以承担这个职位与责任的。校方做出这样的决定，一定是多方面的考虑，但于我而言，只有不辜负这份信任和关怀，尽我所能提升各种素养、知识和技能，尽快胜任岗位，才是回报学校、回报青岛、回报社会的唯一途径。我开始自学心理学。

▲留校任教

第八章
重塑价值

自我价值要放在社会价值的层面上去衡量，才能获得真正的自我成就感和满足感。

快速自救

世事无常，生命亦无常，难以预料，难以预防。当生命之城遭到重创，几近毁灭，尚留一丝气息的我们，一定要先找回生存的力量。

回顾我的整个重生之路，我认为，从破碎到重生，最初的力量来自发现自己的价值。只有相信并感受到了自我价值，才能跨越那一道巨大的心理鸿沟。

借这个重生的机会，我得以认真地思考和整理这道人生的课题。也许正是因为经历了意外和痛苦，我"才"长出了一双隐形的翅膀，得以飞到我想到达的地方。

回想我从病房睁开眼的那一刻，直到那一丝生存的力量又回到身上，从绝望和混乱到最终接受现实，大概经过了三个月。当灾祸降临，不要总是想为什么，陷入这样无休止的思维旋涡里。这个周期越长，越不利于自救，只会让自己徒增无力感和虚无感。尽早中断并且跳出这样的思维旋涡并快速自救是唯一的选择。

无数的人问过我，我是如何从巨大的创伤中快速走出来的。当时是不清晰的，现在想来，在没有任何外界专业人士或设备干预的情况下，我全凭自己仅有的那点儿认知和理智走了出来，可以算是一个奇迹。我梳理了一下那个阶段的心理历程，写在这里，希望能帮到需要的人。

首先是接受现实。当时十七岁的我已经明白，封闭会导致心理问题，既然事实不可改变，那么，接受现实就是最明智的选择。不管自己是否愿意，逃避或否认都于事无补、毫无意义，只有勇敢地面对它。接受现实，我们才能快速地分析当前的局面，并且清晰地评估灾难给我们带来的损失。接受意外创伤带来的一切，这是我认为自己做得最好、最关键的一步。

其次是宣泄痛苦。倾诉是情绪宣泄的第一步，那么，我们应该向谁倾诉呢？那时候我没有找到合适的对象，或者我固执地认为，说了别人也不会明白，因为没有人和我有同样的经历，自然也没人能体会我的痛苦，所以，我选择了用嘴衔着圆珠笔写日记，去诉说自己内心的感受，表达自己的情绪，描述自己的现状，探问自己的心灵。在日记里，我可以尽情地宣泄，缓解心理压力并看见自己的现状。更重要的是，我可以用大量的时间来思考，拷问我的内心，思考我究竟想要干什么。当宣泄到一定程度后，情绪稍稍变得平稳，再尝试从中找到积极的方面，尝试从不同的角度看待我所面临的问题，寻找解决方案。这部分，也是接受的成分多一些，接受自己的情绪，不过于苛责自己，发生了，有情绪，很正常，面对和接受就好了。

再次就是转移注意力。目前解决不了的事情，就暂时放下，把注意力从自己身上挪开，做一些其他的事情，比如读书、嗑瓜子，抑或去看山、看草、看花、看蝴蝶，去和大自然亲近，感知其他生命的跳动，感知生命的轮回，感知生老病死。你会发现，所有的生命都有它的生存法则，都逃不了自然界的规律，所以，自己的这点儿创伤和打击，置身在大自然中就太渺小、太平常了。然后，回到人类社会和现实，回到周围的人和事，加入他们的行列。我和弟弟一起做家务、跑腿，和妈妈一起去赶集、养鹅，我努力去发现自己的有用之处。总之，不要封闭在自己的狭小世界里，必须把门打开，让风进来，让光进来。

最后，保持良好的作息习惯、均衡的饮食和适当的运动，这些有利于维持相对健康的心态。关爱自己，给自己身体足够的休息和放松时间，这样才有力气继续思考，想办法解决问题。

这就是我走出泥潭、快速自救的四项基础准备：接受现实—宣泄情绪—转移注意力—保持稳定作息。

接下来，最重要的就是寻找重生的力量。

寻找重生的力量

一次，在姨妈家，我半夜听见了母亲和姨妈的聊天。那时，我才开始懂得，为什么说"为母则刚"。

母亲说："伽伽（姐姐的意思），你知道我经历了什么吗？1999年9月19号那天，我背了一袋谷子到村里农机站磨米，大队干部在广播站喊我，小队长到农机站找到我，说有人开车到村委会来找我，当时我很诧异地想，嗰（哪）个会有人到村委会来接我？我万万都没想到，是她的手遭电烧到了。

"当时雇主王勇（化名）可能是害怕我接受不了，就跟我说我女儿是重感冒，我心想重感冒那也没事嘛，我说那就把她接回来，去她大舅那里治疗就可以了，我哪里晓得是她的手被烧着了嘞？我跟着老板的车进了城，他把我带到资阳市人民医院的时候，当时人民医院在修整，我看到她躺在医院的走廊上，摸摸她的头也不发烧，看着她迷迷糊糊的，我以为她是在睡觉，被子盖得好好的，我根本就没想到去掀开被子看她的手。第一次坐轿车，第一次进城，我晕乎乎的，我根本就想不到她会出事故！然后王勇老板见我看到女儿了，马上就把我带到他家里去吃夜饭。天已经黑了，吃了夜饭出来，再到医院的时候，我到她身边，掀开她的被子，才看到她那一双手臂，烧得焦煳，蜷在一起。她哪里是睡觉啊，她是已经昏迷了！哎呀，妈呀！这个场景就像一把刀刺进了我的心脏，痛得我差点儿晕过去！我的呼吸变得困难，站也站不稳，心里一阵慌乱，大脑里冒出好多可怕的想法，但在这个完全陌生的地方，我出门连方向都分不清楚，更别说遇到熟人了，我心里好难受啊，痛苦到极点……在慌乱和着急中，我去问医生怎么不给我女儿治疗，医生说资阳市人民医院治不了这样的病号，建议立即给我女儿转院，到成都的大医院去。那要怎么去呢？我三步并成两步地出去找公用电话，想给在城里上班的四妹夫打个电话，拿起电话发现正好赶上星期六，他们放假回乡下去了。唉，运气实在太差了！我突然又想到家里的亲戚，她爷爷的亲弟弟，也就是她的三爷爷在城里交通局上班。我情急之下就走出医院，大街上人声嘈杂，车来车往，让我觉得很烦躁，天很黑，路灯很亮，刺着我的眼睛，让我分不清东南西北，第一次见到这么多的车，我很恐惧，满街的人，没有一个认识的。我已经顾不了那么多了，一路找人打听交通局的职工宿舍在哪儿，我记不清走了几条街，拐了几道弯，最后来到交通局职工宿舍大门口，正好问到一个人知道她三爷爷的门牌号。我敲开她三爷爷的家门，把这个变故告诉了她三爷爷，恳求他看在他二哥我公爹的面上帮帮我，救救这个孙女。可我万万没想到的是，她三爷爷脸一沉，说，那么大个女孩子了，都上了高中二年级，还不知道电的厉害，去摸电线，出了这样的事，简直给刘家人丢脸！他一句也没提帮忙的事。我绝望地摸索着路回到医院，当时那种情景，我唯一看到的，就是女儿还有呼吸，看到她这条命还在……所以，我就给自己打气，我安慰自己，只要我女儿还有一口气，我就一定要振作起来！豁出我自己这条命，也要保住她的命！"

这是我第一次从母亲的口中听到整个事件的发生过程。那是和我自己的感受不一样的，一个母亲的挣扎。

她继续说道："那是一个终生难忘的不眠之夜。当所有的人都走了，医院里静下来的时候，我看着床上奄奄一息的女儿，自己是那么孤立无助，就咬着牙痛哭，不敢发出任何声音，怕吵到别人。她爸爸还在深圳打工，没有电话，联系不上。她弟弟上初一，星期六应该回家的，家里没有一个人，天这么晚了，他回去找不到我，我也不知道他会不会去找奶奶，我已经顾不上他了。还有圈里的一头母猪和两头白猪，还有十几只鸡，都顾不上了。而家里所有的人，都不知道我来了县城，不知道我们出了这天大的事。我哭完后，慢慢冷静下来了，开始想：我该干什么？家里怎么安排？女儿怎么救？

"第二天早上六点，我给我们村委会打了一个电话，请他们捎个口信给四兄弟，说我女儿出事了，我短时间回不了家，让他通知家里其他人和我娘家二姐，帮忙照顾家里的牲口和我儿子。上午十点左右，她的老板王勇来到医院，还有堂弟两口子也来了，说是孩子三爷爷委托他来看下情况，我就请求他们想尽一切办法把女儿送到成都去抢救。她老板就说，他了解到全省能治疗这种烧伤的医院只有四川大学华西医院和西部战区总医院，老板和堂弟一合计，就决定把她转到西部战区总医院去。

"老板把我们娘俩送到了医院急诊室，医生立即做了检查，拆开纱布以后，我看到那双手臂，我的天哪！我当场就晓得完了，肉都是黑红色、紫红色的，已经烧熟了的样子，有的地方皮都掉了，医生用手术刀在她的手腕上割了一条很深的口子，都只流了一点点乌黑的血出来。她完全没有反应，一点儿都动不了了。医生连连摇头说来晚了，你们已经来晚了，要保命明天要立即动手术，把两个胳膊截掉。我说好，那就立即动，只要能把我女儿的命保住，怎么都行。当时那个医生说，我们也没有百分之百的把握能保你女儿的命，听了这话，我难受得什么都说不出来。"

听着母亲的叙述，我才第一次完整地"看"到了醒来之前的场景。那几天她几乎日夜不眠。

两次手术、一条命

母亲还在回忆："第二天医生喊我到办公室签字，动手术之前要全身麻醉，麻醉有风险，会出现五种后遗症，每一种我都必须签字同意。我一看，顿时吓得手脚发麻：一是可能会失明；二是神经错乱；三是失聪；四是瘫痪；五是直接死在手术台上。唉，我觉得女儿的命运好像掌握在我的手上一样，我不敢签字呀，哪一条我都不想有，尤其是第五条，我根本承受不起！但是我又必须签字同意，否则医生不会给我女儿做手术！没有一个可以商量的人，我攥紧手中的笔，就像是要牢牢抓住女儿的生命一样。医生在旁边一遍一遍地催我，说耽误手术时间，就等于耽误女儿活下去的机会。我止不住地流泪，还是闭上眼睛把字签了。从医生办公室出来，我一边哭一边想，老天爷一定要保佑我们，一定要给我女儿留一条命，我平时没有做过伤天害理的事，一定一定要保佑我们……

"早上八点，手术室的护士就把她拉走了，我人坐在病房里，心却跟着护士走了。等到下午五点，护士才把她推回了病房。她躺在那里，全身插着管子，还是昏迷不醒。唉！我也不知道情况怎么样，问医生，医生就说还在观察。我坐在她的床边，每动一个念头，眼泪都要往外流。

"一直到第二天，她都还没有醒，脸和身体都肿了，滴水不进，输液都输不进去了，她姑父来医院看到她这种情况，回去就跟家里的人说，我女儿没得救了，要赶紧准备后事。一家人听到后哭成一团。九点左右，医生又进来就跟我说：'阿姨，这个没得办法的，只有进行第二次手术了，如果不做第二次手术的话，可能最多就熬到明天。'我说那好，拜托你们一定要想方设法保住她的命！于是他们从病房带走她，把她第二次推进手术室，我突然就有种生离死别的感觉。哎呀，我的天哪！我担心她进去之后，就再也见不到她……我就哭着求医生，我要跟她一起进手术室，我要陪在她身边，我要把我的手臂换到她的身上……唉，现在想起那个场景，真的好痛苦！

"护士一边安慰我一边把我拉出来，我就守在手术室外面一直哭，眼泪哭干了歇会儿，然后再一想又开始哭。我想，既然不能把我的手换给她，那我一定要坚强地活着，我要看着我女儿，我要带她回家，就算是没有手了，不管是看鹅还是赶鸭子，只要她能在我身边，我就要好好保护她，不让她受任何人的欺负，不让别人嫌弃她!

"第二次手术做了很长时间,到了晚上医生才把她推出来。她一直就那样迷迷糊糊的,有时候呻吟一下,没什么意识。几天下来,身体渐渐消肿,医生就说命他给我保住了,后期恢复意识、大脑神经这些,就看我女儿的造化了。

"等她清醒的日子也很难熬,我那段时间脑子也是一塌糊涂。她可以吃东西了,我就想买点儿什么有营养的东西给她吃,我就到医院食堂去,没想到回来的时候转了四个小时才找到回病房的路。除了买吃的,就是守在她的床前,喂她喝点儿水。每天晚上,再困我都要摸着她的身体才睡得着。"

力量的源泉

聊天还在继续。母亲说:"终于有一天晚上,我听到她在喊妈妈,我把她扶起来,看她的表情,好像是恢复意识了,我一下子就高兴到了极点,眼泪根本止不住。真是老天有眼哪!半个月了,我的一颗心终于落地了,太好了太好了!"

到这里我再也听不下去了,捂着被子试图手动关闭耳朵。听了这番话,我真是感到锥心的刺痛。我不知道母亲为我承担了这么多,是她给了我第二次生命,她的勇气和坚强震撼了我。一个四十年都生活在闭塞的农村,只有初中文化水平的女人,在举目无亲的陌生城市,勇敢地和自己的内心抗争,勇敢地救活了被高压电重度烧伤的女儿。我深深地感受到我的生命对她是如此的重要，即使失去双臂、残缺不全，她对我的爱也不曾减少一分，她真的好有力量！

从小我就好强、倔强、勇敢和不服输，这都是来自母亲对我的影响。父亲常年在外打工，个子只有一米四七的母亲，承担起了琐碎的家务和繁重的农活。在家乡那儿，出门种地都要翻山越岭，无论是耕种施肥还是收获粮食，都是靠人力用背篓或者扁担一点点地运来送去。母亲日复一日地操劳着，从不抱怨，而是乐观地带着我们姐弟过了一年又一年，这些品质都潜移默化地融进了我的血液里。

后来，母亲又陪着我拜师、学艺，直到上大学。这一路上，是她的鼓励、陪伴、照顾，才成就了今天的我，这是举全家之力、集全家之爱的结果，我还有什么理由不勇往直前呢？

现在再回顾走下来的这一路，我更加确信我最初的价值感正是来自母亲对我的珍惜，对我的不放弃，母亲的爱是我重建人生的力量源泉。从小她就用自己的行动，把她乐观向上的生活态度和吃苦耐劳的品质根植于我的内心，这股力量在创伤初期支撑着我，点燃了我生存和向上的渴望，让我有了克服一切困难的勇气。活下来的我开

▲母亲陪我在青岛上大学

始渐渐地热爱生活，开始寻找自己活着的价值，开始探索未来新的希望。

自力更生

在完成快速自救，找到重生的力量之后，我开始了重建人生的第二阶段：自力更生。

在人类历史的长河中，自力更生一直是推动社会进步的底层动力。因为从树上来到了地上，类人猿学会了直立行走；因为要获得更多的生存机会，古人学会了制造工具，去种植、狩猎。自力更生，不仅仅是一种生存方式，更是一种人生态度，一种精神力量。

这是每个独立的人应追求的生存状态——不依赖他人，不怨天尤人。在辅导我的学生或者在学校做公益演讲时，我经常会强调这一点。唯有自力更生，实现自理自立，才能谈尊严、谈自由。现在由于很多父母对孩子过度保护和帮助，很多大学生自理能力欠佳，独立生活困难。有些父母甚至不能完成和孩子的正常分离，把一家人都捆绑在"爱"的牢笼里，最终让孩子失去了创造和感受幸福的能力。

我的父母没有因为我失去双臂，就什么事都帮我做，包括在生活自理方面。上大学的时候，母亲总是丢出一块破棉布，让我用脚擦地板，让我探索着提高自己的生活自理能力。而我也在逐渐恢复自理能力的过程中找到了自信，找到了自我价值和尊严，并要求自己克服一切困难，想方设法自己养活自己，努力弥补家人，为他们创造更好的生活条件。

因为我明白，一个人的独立，总是从生活独立、经济独立开始的。在践行自力更生的过程中，我充分挖掘和发挥了自己的潜能，获得了成就感和自信心。

自力更生也让我赢得了尊重和信任。多年来我不但靠自己去创造和维系生活，还扛起了自己的责任和义务，在亲情的凝聚下，我们全家人奋发向上，相互鼓励，相互扶持，从不懈怠，从贫困的泥潭中走出来。我们全家的每个人，在社会中都获得了他人的尊重和信任，甚至还有人把我当成了一个积极向上的榜样。自力更生还磨炼了我的意志，让我不断前行，在面对未来人生的起起伏伏时，总能保持乐观的心态和积极的态度。

对我而言，自力更生的过程，就是我这个轰然倒塌的世界重建的过程。我发现，我有能力好好活着。能重建起我的世界，皆因"靠自己"这样一个朴素的生命理念深植于我的内心，并推动我走向独立。

探索价值

在生活还不能自理的时候，我觉得自己是家庭的累赘、社会的负担，完全没有价值，甚至连活下去的理由都没有。

直到后来，生活上逐渐可以自理以后，我看到自己还拥有那么多，才开始相信，上天既然让我如此艰辛地活着，我一定是可以创造价值的。虽然只有十七岁，我还是郑重地开始了对人生的拷问：人活着究竟是为了什么？这世界上有那么多人，贫穷的、富贵的；美丽的、丑陋的；残疾的、正常的。他们都在活着，而他们活着的意义何在？学校里告诉我人活着是为了实现人生价值，可我的价值该怎么去实现呢？

《小窗幽记》中说："贫不足羞，可羞是贫而无志；贱不作恶，可恶是贱而无能；老不足叹，可叹是老而虚生；死不足悲，可悲是死而无补。"这句话，给当时既贫穷又卑贱的我带来了巨大的启发。成为一个有志气、有能力、不虚度光阴的人，做有益于社会和他人的事，这不就是我活下来的目的和意义吗？于是，我拒绝被同情，不惜一切代价让自己具备更多能力。学书法、卖艺、上大学……在一路向前的这个过程中，我不仅能力得到了成长，内心也更加富足。

上大学之后，我走上了讲台，对自我价值的认知更加清晰。在宇宙无限的空间里，在生命有限的时间里，我找到了那个属于自己的位置，从此"安营扎寨"，坚定地守护着这一席之地。

一位哲人说过："我们终其一生都在寻找两样东西，一是价值感，一是归属感，价值感来自被肯定，归属感来自被爱。若无价值，若无人爱，这样的人生是无意义的。而今天的我两样都有了，这是幸运的。"

匈牙利诗人裴多菲说："生命的长短以时间来计算，生命的价值以贡献来计算。"

我深以为然。为什么不是财富，不是名望，不是地位，而是贡献呢？因为前三样东西里只有自己，而贡献则属于社会。只有把自己放在社会的层面上，才能感受到自我价值带来的成就感和满足感，而财富和名利，只是自我价值实现的附属品。

在经历了漫长的自救之后，我终于重生了。我能写书法，书法能给人带来文化的滋养；我能上讲台，我的独立精神和演讲能力，能给观众的人生带来积极的影响。我想我还有更多价值……

转念之间，意义自现。

三 十年的礼物

剥夺之后，必有馈赠。

第九章
遇见兵哥哥

他用完全接纳的爱疗愈了我的创伤，带给我蓬勃的自信和生命力。

"天上掉下个兵哥哥"

在我因为找工作陷入瓶颈的时候，爱情悄然而至。

恋爱于我曾经是遥不可及的事，不是我刻意回避，而是不愿接受退而求其次的将就。

对我而言，爱情是一种很玄的东西，没道理可讲，讲了也讲不清楚，而最玄的是它可遇不可求，说来就来。

这一年的八月，某部队一夜之间住进了我们学院，他们早上列队，然后到学院前面的海边训练。下午五六点回来的时候，他们踏着夕阳唱着歌，既壮观又豪迈。学院的女生们都有些沸腾，争相围观。

军人们就住在男生公寓三楼，离我的宿舍很近。有一个班的兵平时不出去训练，只是早晨在操场跑跑步，然后就是做饭、采购。母亲闲着的时候，会过去跟他们聊聊天，捡他们用过的瓶子和纸箱，很快就跟他们熟络起来。

有一天，母亲回来告诉我："他们之中有个四川老乡呢！还是二级厨师，当了五年兵了。还有个新兵，整天做饭、打扫卫生，很老实的样子……"

母亲兴高采烈地跟我讲她的见闻，我假装很感兴趣，实际上却心不在焉——想办的画展没有办成，马上要毕业了，工作还没着落……

一个月之后，母亲有些伤感地告诉我："部队要走了，有几个人说走之前要来看看你，听了你的事情，他们都挺佩服你的。"我有些莫名其妙，这些人虽然跟母亲很熟悉了，但我根本一个人都不认识。不过碍于母亲的关系，我还是答应了他们的来访。

那是部队撤走的前一天，三位军人出现在我的家里。母亲在一旁热情地做着介绍："这位就是咱四川老乡，这位就是我跟你说过的新兵，这位，我还真不知道叫什么……"母亲有些尴尬，而我比母亲更尴尬。

因为不熟悉，彼此其实都很客气，这种客气里还夹杂着"男女授受不亲"的拘谨。我心里有点儿责怪母亲的过分热情，但还是尽地主之谊，跟他们都打了招呼。我稍稍注意了一下那个还不知道名字的军人，他看着很腼腆，脸上写满了真挚，个头高高的，嘴唇厚厚的，笑起来露出一排整齐雪白的牙。他很少抬头，一直专心地看母亲递过去的影集和字帖。我偷偷打量他，发现他长得挺好看的。

他翻看着我的影集，从里面取出一张照片说："这张照片送给我吧。"那张照片是我最喜欢的，便说不行，除了这张以外，其他的他可以任选一张。

他又翻了翻其他的照片，比较来比较去，说："我还是觉得这张好，就这张了！"

我犹豫着，不置可否。

"就这张，你同意也好，不同意也罢，我就要这张！"

我有些哭笑不得，不知作何回答。但母亲一直在一旁替他说话："人家都要走了，给他吧，照片你再去洗一张就行了。"我只好默许。

其实那一天，我们彼此并没有多少话说，气氛有点儿僵硬，在交换过彼此的联系方式后，他们起身说要走了。我终于松了口气。

第二天，部队撤走了，我没有去看热闹。不过是萍水相逢的陌生人，相遇然后擦肩而过，以后谁也不会记得谁。结果没多久，我就收到一条短信："我们走了，很高兴认识你这个朋友，我不会忘记你的。"

▲与程教官的第一次相识

我觉得有趣，以为是那个新兵，就用戏谑的口气回道："我也很高兴认识你这个朋友，他们要是欺负你，就跟姐说！"

"谁是我姐？请你以后不要这么说。我叫程相权！"嗯，名字挺霸气嘛，像他的样子。

没过几天，因为党员转正的事，我踏上了回川的列车。

往返的路途漫长且无聊，刚好程相权开始不停地给我发短信，我便有一搭无一搭地跟他聊天，谁知道居然就刹不住车了。跟第一次见面的印象完全不一样，他在短信里倒是话很多，谈天说地，真诚有趣。

人与人之间的关系总是有些奇妙的，一面之缘，居然就有这么多话说。这大概就是缘分吧。短短一周的时间，我们就互发了一百多条短信。后来他开始介绍，他的家在河南省南阳市的农村，父亲在2005年因病去世了，家里还有母亲和妹妹。他今年22岁，妹妹比他小两岁……

我们之间的话题越来越家常，内容越来越私密，一种异样的感觉也在我心里慢慢滋长。

一天中午他又发短信来："有没有人问你在给谁发短信？"

我说："没有。"

他说："别人问也没关系，你就说你在给男朋友发。"

我回："谁是我男朋友啊，没申请也没得到批准。"

他问："那我现在申请可以吗？"

我一阵慌乱，很忐忑又很直接地问："你喜欢我吗？"

他说："喜欢。"

我还没想好怎么回他，又一条短信追过来："是真的喜欢你。"

"好吧，那我就批准你成为我男朋友了！"

发完这条短信，我被自己吓了一跳，只觉得两颊发烫，心跳加速，慌张而甜蜜。仅仅一面之缘，几天的短信交流，就确定了一段恋情？而且他在河南我在青岛，相隔千里之遥，这在别人看来应该是有些草率、仓促吧？但我知道，我心动了，我是认真的，认真地想要跟这个人开始一段爱情。

爱情本来就不是经过利弊权衡之后才发生的，本来就是一刹那的心灵共振，是让人摸不着头脑的双向奔赴。我始终是这样的做派，心动了就行动。既然明确了心意，就不拖拉，也不遮掩，简单而爽快。

当你开始爱一个人的时候，好像全世界都变得可爱了。

他跟我诉说家庭不和的苦闷，诉说父母紧张的关系对他幼小心灵的创伤，还有他对父亲的不理解。他有父亲却几乎没有得到过父爱，他有家却从没感受过家带给他的温暖与和睦。年少的他离家出走过，流浪过，痛恨过，无助过，放任过，他在十七岁中学毕业就外出打工了，在工地上扛过钢筋，修过桥，在市场上跑过业务，直到二十岁的时候报名参了军……

两个都曾被生活伤害过的年轻的心灵相认了，都找到了归宿。他的勇敢、朴实、善良和担当，深深地打动了我。

爱上了这个人，想把这个消息告诉蓝天，告诉白云，告诉大山，告诉大海……

情定军功章

我们确认关系没多久，我就拥有了自己的稳定工作。那一段时间，我幸福感爆棚，感觉人生开了挂，寒夜不再孤单，前途不再迷茫，从此海阔天空。

我们的爱情从一开始就注定不顺利，其实我也没奢望过会顺利。在世俗的眼光里，我们并不般配，我是个无法照顾自己的残疾人，他是一个健全、漂亮的小伙子，我们能步入婚姻建立家庭吗？

即使在热恋的时候，我也曾无数次地想过放弃，他是那么好，好到让我不忍心耽误他。如果这段感情注定会无疾而终，不如现在就结束，至少还能给双方留下一段美好的回忆。

这是一段不被看好的感情，我无数次地听到了亲朋好友的劝告，甚至我母亲也多次劝说我要理智。至于他，也笼罩在战友们的各种劝说里。班长从过来人的角度给他建议："你可能现在是喜欢刘仕春，但是将来呢？你现在能给她洗脚，但你能保证给她洗一辈子的脚吗？"

这些都是无法忽略的事实，但这些声音却让我们因为害怕失去而更加珍惜彼此。

有多想放手，就有多不舍得。

我常常想，就这样放手吧，放手让他走，他可以有更好的未来。可是当听筒里传来他的声音，那些劝告瞬间被抛到了九霄云外。

他是懂我的，他懂我的顾虑，懂我的自卑，甚至求我不要抛弃他，是他在辛苦地维系着这段恋情，他用他的坚定不移打消了我时而冒出的放弃念头。

2006 年 12 月 24 日，这是特殊的一天，也是值得纪念的一天，他要来看我啦！这是我们恋爱以来的第一次见面。我早早地梳洗妥当，翻遍衣柜也选不出自己满意的衣服，眼看时间要来不及了，披上外套就冲出家门。我在车站见到他的那一瞬间，视线一下子就模糊了，只能眨眨眼让自己控制好，装着没事似的调侃他："你怎么比以前还傻！这么远，这么冷，怎么说来就来了。"

笑着笑着，一阵委屈涌上心头，眼泪还是没忍住流了下来。他没说话，伸手抱住了我。

回到学校，母亲也很意外他的到来，招呼他坐下便忙着出去买菜了。他坐在椅子上，拉开他带来的包，掏出影集给我看，都是他在部队训练时拍的，每一张都神气十足。看完照片，他又把一个鲜红的小盒子递到我跟前，说："这个送给你。"

他打开盒子，里面是一枚漂亮的优秀士兵证章，那是他当兵第一年的时候获得的，对他而言非常重要。

我接受了这份"厚礼"。我知道这远不止是一枚奖章、一份礼物，这是一份沉甸甸的军人的承诺。

感恩上天把他带到我的身边，即便这一路有些跌跌撞撞，我仍然相信这一切都是最好的安排。

将爱情进行到底

小时候，我看见书里写"爱融化了冰雪，带来了温暖"，觉得爱真是一件神奇的事。而现在，我终于亲身体验到了，被完全接纳的爱是如何治愈一切伤痛，并带来蓬勃的自信和力量的。他让我看到，真正爱上一个人就是这样的：我不光爱你的光鲜，也接纳你的缺陷，能治愈你的创伤，也能照亮你的黑暗。

2007年寒假，我以探亲的名义去了他的部队，目睹了他是怎么带着新兵集训的，感受了他的军营生活。北京的十二月，刺骨的寒意能侵蚀到每一寸肌肤里，但我们的心是暖融融的。

这是我们相恋的第十八个月，第三次见面，不隆重也没什么惊喜，只是见到他的那一刻，我四处飘动的心就觉得踏实和温暖。从前我不知道，以为家只是一所房子，如今我才明白，爱在哪里，家就在哪里，他在的地方才是我的家，他的怀抱就是家！

我们是世界上最幸福的人！浩瀚的星空看见了，皇天后土也看见了，山河岁月，不枉此生！

热恋的终点是婚姻，我们渴望用这样的形式牵手至白头，但我知道，这并不容易。别人的声音我们都可以不管不顾，但是他母亲的想法我们一定要尊重。要说服他母亲，这实在是一项艰难的任务。一个母亲怎么会同意自己的儿子做这样的选择呢？她也有自己的苦衷，站在她的立场上，我也能理解。但既然已经认定了对方，我们只能一起面对。

他终于跟家里人坦白了实际情况，不出所料，我接到了他家人的一通电话，劝我把他当作朋友。其实这时我们已经谈恋爱快两年了，我们约定好了要坚守彼此，要坚持到底。我们之间已不是男女情爱那么简单的感情，我们是彼此心灵的依靠、精神的寄托、忠贞的伴侣。

风雨后的彩虹

五一的时候，他不顾家里反对，毅然带我回家见他的母亲。丑媳妇终究要见公婆的。坐上火车的时候，我反而不担心，也不紧张了。

有什么可紧张的呢？事实就是这个样子，我无法改变。而且，我一直觉得，和什么样的人结婚，并不需要父母来做主。我很坦然，如果说或多或少有些担心的话，那也是担心他。

见到他母亲的时候，没有预想中的暴风雨，甚至他母亲有些过分的客气和友好。她只是说担心将来我们两个人的日子不好过，怕程相权不能对我负责到底，等等。我也跟她解释，跟她说我们以后打算如何生活，请她放心。最后得到他母亲的这么一句话："你们要这么坚持，我也没什么好说的，以后的生活要靠你们自己去把握，最好慎重点儿。"

尽管不算多么支持，但我已经足够满意，我内心开始雀跃，以为这样就算过关了。可程相权一点儿都没有开心的样子，他说他母亲并没有同意我们的婚事。这个时候，我只能闭嘴消失，一切就看程相权的了。我甚至觉得这是考验我们感情的一个绝好机会。

可我们终究还是太年轻了，把一切都想得过于简单。我们这样常年不能见面，怎么会经得起不断的争吵呢？毕竟，横亘在我们之间的阻碍太多，我们俩人之间，矛盾始终无法解决。

2008年12月底，他跟我提出分手。这是意料之外也是情理之中的事，我们最终还是败给了现实。

我把这段感情看得太重，把他也看得太重了，这使我陷入了崩溃的边缘。爱和恨交替地撕扯着我的心，失望、伤心、委屈，我的心一下子被掏空了。我恨他，他跟我母亲承诺过，可还是食言了；弟弟是那样尊重他、喜欢他，请他吃饭，陪他喝酒……他是绝情的，可我又是那样思念他，他和我在一起的时候，从来都是宠着我，心甘情愿地为我做每一件事。他的离去，抽光了我所有的力气，让我的生活失去了所有色彩。我知道他是因为家里的压力，要他做出这样的决定，对他而言恐怕也是锥心般的刺痛吧？我们的感情就像玻璃碎了一地，每一片都锋利无比，让人不敢去捡拾，拾起来就是一个伤口，一抹血迹。

2009年春节，他回家过年。大年初二，我接到一个自称他女朋友的人打来的电话，没想到，才不到一个月的时间，他就有了新的女朋友。真是滑稽可笑，我开始怀疑当初是否看错了人，我用尽各种故事安慰失恋的自己，心中却始终无法放下那个名字。

为了彻底走出这份感情带给我的伤痛，也许还有报复的心理，我为自己精心"编织"了一个故事，打电话告诉他说我要去跟一个三十多岁并且带着一个六岁小男孩的离异男子相亲。他的口气一下子就变了，恳求我不要去。

　　原来，他不是不爱我了，只是他无法做到两全。而家里为了让他彻底和我断绝来往，硬给他介绍了女朋友，逼着他月底结婚。

　　听着他的哭诉，我心如刀绞，原来最受伤的人不是我，而是他。

　　不久，他打电话来，告诉我咳得厉害，咽炎又犯了。我担心得很，明知道已经分开了，却抑制不住对他的关心。

　　不知道爱上一个当兵的人，是算幸福还是痛苦？在一起两年，我们相聚的时间不到两周。除了打电话，就是无尽的思念，这些思念像一张大网，网住了我自己，也网住了所有的理智。无尽的思念令我多愁善感，我总是站在黄昏的窗口，看匆匆归家的人，期盼哪天他会叩响我的门，说声："亲爱的，我回来了。"

　　三月底，他果然来到了青岛，明显瘦了很多。三个月的分离，让我们都心力交瘁，也有了几分陌生，我们都极力掩饰着内心的悲伤，一起买菜，一起回家，照例他做了一桌子我们平时爱吃的菜，还开了两瓶啤酒。饭越吃越凉，酒越喝越苦。最后，我还是忍不住质问他，怎么忍心离开我，等了三年最后一场空，不能在一起为什么不早点儿说分手？为什么一直给我希望？为什么要这样伤害我？

　　我起身甩门而去，泪水夺眶而出，他追出来抱住我，还是无话可说。

心再痛也要接受现实，算了，无计可施，就做个朋友吧！

第二天，他买了回河南的车票，收拾行李的时候，恳求我去送他，一直说到离开家门，我也没有答应。以前有多少次站台前的分别，就有多少次泪雨纷飞，以往的离别之痛我能承受，因为我们还可以相思，但这一次的离别之痛我再也承受不起了，如果这次相见真的是永别，那我宁愿就此别过，再无牵连。

他走后，我头痛欲裂，躺在床上迷迷糊糊地睡着了。一觉醒来，已是下午两点多，我看着空荡荡的房间，突然发疯似的想他。我掏出手机，拨通了他的电话，我问他在哪里，他说他在火车站外面的栈桥看海鸥。我问他大包行李放哪里了，他哽咽着说存在火车站了。听出了他的哭腔，我问他怎么了，他说有沙子进到他眼睛里了……

我突然明白他在哭，我的心一下子就软了，说："那你回来吧。"

"我都到火车站了，如果要回去的话，你要到码头来接我。"他像极了一个受委屈的孩子，对我说道。

我打了个摩的就去了黄岛轮渡码头接他。

重新相见的那一刻，彼此的心都有了归处，我们如释重负，虽然没有任何承诺，但我知道，我们再也不会分开了。

我们结婚了

2009 年 4 月 20 日，是他从青岛回家后的第 15 天，晚上

10点，他突然打电话告诉我，家里同意我们结婚了！

我喜极而泣。

4月21日，他来青岛接我。

我要结婚了！

我通知了我的亲朋好友、领导，甚至所有认识的人，学院董事长交代团委书记和行政办主任为我筹备宴会。4月25日，学校在青岛开发区鲁海丰大酒店为我们设了答谢宴，所有到场的人都为我们祝福，也被我们感动。

5月2日，我们从青岛回到他的老家河南南阳，举行了正式婚礼。他母亲通知了所有的亲戚朋友，在酒店定了八桌，还专门找了婚庆公司，租了一辆崭新的皇冠轿车，一切都按照当地婚礼的程序在进行。

▲ 我们结婚了

婚礼上给长辈行礼的时候，我跪在他母亲面前，轻声喊了句："妈。"婆婆哭了，我也百感交集，我能理解婆婆的反对，也能理解她这么多年来养育儿子的不易，公公去世了，我的丈夫、她的儿子是她唯一的依靠。虽然恋爱是自由的，但还是要尊重长辈的意愿。婆婆并不是想反对我们，她只是希望儿子生活幸福，不要有那么沉重的负担。母爱从来都没有错。

行完礼，我起身走到台前，用嘴衔起早已准备好的毛笔，写下四个大字——"恩重如山"。在场的亲友们都鼓起掌来，那些曾经极力反对我们在一起的人此时也给予了最大的祝福。

从1999年到2009年，刚好十年。婚姻是我第一个十年得到的礼物。这十年里，我的每一步都走得那么艰辛，却也踏实。曾经的伤与痛、悲与苦，已经渐渐离我远去了，但它们也教给了我许多东西，并因此收获了累累果实。

十年，一个在生命长河中不长也不短的历程，改变了我的一生，我一路摸爬滚打，从未虚度。如果时间倒回，我仍然会选择坚强面对。

上天拿走了我的双臂，却给了我一双隐形的翅膀，有了这双翅膀，我要更好地飞翔。

第十章
开启新生活

　　婚后的我们也在渐渐学会长大，以一种成人的姿态，去迎接新的生活，筑一座爱巢，建一所避风港，给自己的心灵一个归宿，让幼崽得到保护。

我做妈妈了

　　2010年2月22日，农历正月初九，这是一个痛并快乐的日子。经过三个月孕吐的折磨，六个月大腹便便的压迫，我们的孩子要出生了。没有胳膊的我完全使不上力气，在进行了痛不欲生的顺产尝试之后，最终还是被推进了手术室做剖宫产。

　　术后醒来，我迫不及待地问医生："我的孩子多重？"医生说："七斤六两。"我长长地舒了一口气。我以为肚子上的伤疤会影响孩子的发育，担心孩子会很小，没想到有七斤六两，还不错！

　　护士离开后，母亲把孩子抱到我跟前，他粉红的小脸皱巴巴的，像个小老头，乌黑油亮的头发，头顶上有个血包，让人怪心疼的。这个皱巴巴的小可爱，真的是我生的吗？他眼睛那么小，嘴巴也那么小。不过，看到他身体健康、四肢健全，我心里还是很欣慰。我突然忘了十月怀胎的煎熬，孩子已经在眼前了，好像在做梦。

　　我知道母乳对孩子是最好的，但由于当时我携带乙型肝炎病毒，虽然生下来就给他注射了乙肝免疫球蛋白，但为了他的健康，我忍着双乳的胀痛并没有给孩子哺乳。

儿子的到来，让我之前经历的那些不幸，从这一刻

▲ 2010 年，我与丈夫、儿子的合照

开始都化成了前尘往事。我现在变成了世界上最幸运的人，在这个充满暖意的世界里，爱向我一步步走来，我和爱人一起创造了 1+1=3 的人间奇迹。从前抱怨的，悔恨的，难以理解的，如今都成了感谢，感谢命运给了我如此美好的人生。随着新生命的诞生，我体会到了活着的快乐，也更加懂得了要珍爱生命。

我的爱人——程教官

我的丈夫是个宠妻狂魔。

他说："你没有手，我有。你有才华有思想就可以了。"所以，他给我穿衣、梳头、化妆；给我做饭，带我登山、旅行，看大好河山；为我展纸、研墨、裱画，陪我参加各种社会活动。他有强健的体魄、灵巧的双手、坚定的意志，他是我最安稳的靠山。有了他，我不止拥有了双手，而且"长"出了翅膀，可以去探索更广阔的世界。

我们成家了，有孩子了，当下最重要的就是提高生活质量。

为了我们娘俩，程教官也开始了负重前行的生活。那时他打了两份工，白天在学校基建处上班，晚上去工地做计件工，给框架房拉墙筋，经常干到深夜才回家，然后早上七点就要骑摩托车带我一起去上班。

一个寻常的早上，路上都是早起上学上班的人，他骑着我们的二手摩托车带我去上班。我坐在后座上，身体紧紧地贴着他的后背，躲着风，感受着他体温传递过来的温暖。当时时间还比较早，程教官骑着摩托车以正常的速度在公路的右侧行驶，这是我当时最后的记忆。

当我醒过来的时候，我发现自己躺在医院的病床上，恍惚间以为是梦里回到了多年前的那一天。我的头有点儿晕，头皮上有伤口的疼痛，头上戴着弹力网套。旁边床上躺着程教官，他还没醒。一对陌生的中年夫妇站在我床边，告诉我别动，我丈夫也只是昏迷还没有醒，又问了我一些基本情况，确定我没有失忆，然后才告诉我发生了什么。

他们说，我们骑着摩托车经过一辆面包车旁边的时候，面包车的驾驶室车门突然打开，我们迎头撞了上去，我和程教官被撞击得弹开并摔倒在地，双双昏迷了过去，是他们打了120，救护车把

▲程教官

我们拉到了医院进行了救治。我正要道谢，男的说："我就是那个面包车的车主，但早上开车门的不是我，是我工地上的一个工人，但是，请放心，我们一定会负责的，我的车有保险，交警已经处理过了，我是全责，由保险赔付，你们就安心治疗吧。"

这时，程教官醒过来了，起身去了卫生间，吐出来两大口血，医生进来告诉程教官他没事，是碰到面包车车门的时候，鼻子出血，又因为仰面倒地，所以鼻血都流到胃里了，吐出来很正常。他除了昏迷以外，别的都没有什么伤，而医生说我头破了一条口子，缝了七针，有轻微脑震荡，需要住院一周观察治疗。

程教官又心疼又抱歉地看着我，我微笑着告诉他没事，也算与他同生共死了一回。但这整件事让我想来后怕，这次车祸是偶然也是必然，他这样白天晚上不间断地工作，长期过度疲劳，实在是太危险了。出院后我跟他商量，辞掉夜晚去工地的工作，赚钱的事再想办法。

转眼快放寒假了，我们有四十多天的假期，不上班就只发基本工资，我们的收入一下子减掉了一半多。程教官只好又出去做临时工，最后找到了一个电器配件加工厂的工作，离我们家大概二十五公里。我不知道他在电子厂里每天都做些什么工作，只是每次下班回来，我都看见他满脸满身全是发黑的废渣，身体很疲惫的样子。工厂里当然没有轻松的活，我问他这么累，要不要换一个工作？他说能坚持。我知道他不怕吃苦不怕累，但我还是挺心疼的。

厂里管一顿午饭，我问他吃的什么，他笑着说，吃的白面馒头和大白菜炖豆腐，我心里一酸，于是跟婆婆商量，每天做好饭，中午我给他送到厂里。

青岛的冬天带着海水潮气的湿冷，如果遇上刮风天，体感比实际温度要低得多。我们把滚烫的饭菜装入不锈钢保温桶，外面再裹上一层加棉的布。我卡着点从小区门口坐公交车，坐十站到达他工厂附近，正好赶上午休时间，他骑摩托车到公交车站点来拿饭。我把温暖的饭袋交到饥肠辘辘的他手里，顺便见他一面，就像农忙时送饭到地头上的村妇，心里感觉很踏实很幸福。

就这样，他每天上班，我每天送饭，一直到除夕电子厂放假，整整干了一个月。放假的第一天，他睡到九点还没起床，躺在床上四仰八叉地呼呼大睡。唉，一个月的临时工，就像服了一个月的苦役。想到工厂给他发的工钱才二千多元，我心里很难过，真不想让他去干这样的体力活了！

于是，我开始想办法利用业余时间增加家庭收入。

一开始，我和他一起去即墨服装批发市场批发童装，下班后去夜市摆摊，起早贪黑地干了一年，钱没赚到，却赚了一堆的衣服，而且大人孩子都疲惫不堪。

后来经朋友介绍，我们还代理过一个大学生创业的品牌大米。我们没有仓库，厂家送来的几吨大米就只能存放在自家客厅里。我们发动了所有的朋友，打了无数的电话，最终卖出去了三分之二的大米，剩下的几百公斤实在卖不出去，自家也吃不了，只好给厂家发了回去。细算下来，除去大米的送货费等各种费用，赚的钱还不够我们一家人吃顿饺子的，还不如让程教官去做临时工赚得多。

那几年，我们跟大多数白手起家的年轻夫妻一样，努力去经营一个新家，第一次有了一种成人的感觉。在没有结婚之前，甚至没有生孩子之前，我们都觉得自己还是个孩子，尽管在努力地自立，但是扛不动的困难还可以仰仗父母，向父母倾诉，现在我们自己已是父母，自然要像父母一样去承担和解决问题了。当生活的衣食住行、柴米油盐摆在面前的时候，我们也在渐渐学会长大，以一种成人的姿态，去迎接新的生活，筑一座爱巢，建一处避风港，给自己的心灵一个归宿，让我们的幼崽得到保护。这个过程，很像刚学走路的幼儿，在探索中既惊喜又忐忑。

要赚更多的钱，既是一种心理需要，也是一种现实需要，这是一个小家庭组建初期必经的一道坎，尤其像我们俩这种情况，就会更迫切。寻找机会、创造机会，我们顾不上疲惫，也不觉得辛苦，因为心中有爱，相信未来，年轻的生命就有了无比的勇气和力量。

重操旧业，用书法赚钱

忙忙碌碌了一年半，身心俱疲的时候，我开始反问自己：我都做了些什么？又收获了什么？……突然心里开始感到懊恼、后悔，不是后悔不让程教官做那么辛苦的临时工，而是后悔远离了书法，远离了我最擅长的技能，因为我想起胡林老师曾经叮嘱过我，一定要教小学生学书法，开书法培训班。

我给自己"打鸡血"，我要办一个书法培训班！

然而，在哪里教呢？家里客厅太小，租写字楼对我们来说又太贵了，因不愿舍弃这个想法，所以我们抽空就四处寻找合适的场地。

正好单位附近有一个楼盘开售，我和程教官对它的建筑风格和结构一见倾心。最终，我们看好了一个有大客厅的叠拼别墅的下叠，不仅可以自己住，还可以招收十几个学生开书法课呢！售楼人员告诉我，这套房子售价一百五十万，三天之内把十万定金交上，就可以给我留下了。我立刻答应了售楼人员签合同。听我这么说，程教官甚至怀疑我是不是疯了！因为我们兜里除了一张额度不算高的信用卡之外，几乎身无分文。三天之内去哪里凑十万现金？一百五十万的房子拿什么支付？装修的钱又在哪里？一系列的问题都没搞清楚，两万块钱的定金已经刷出去了。开弓没有回头箭，即使程教官一脸的担心和惊讶，但还是依了我。

我心想就赌这套房子和我的缘分吧，缘分到了，说明它就该属于我。既然一眼相中，总得争取一下，争取不到的，说明它不属于我。于是我开始了一系列操作，先透支信用卡全部额度，然后程教官找他的表哥表姐们借了钱凑齐首付，随后联系了中介急售我们现在的住房。卖掉了旧房子，我们只好跟学校申请搬回教职工宿舍。

最终我们如愿以偿地网签了新房子，贷款九十万买下了一套独门独院的叠拼别墅。房子是期房，第二年年底才交钥匙，尽管耽误开书法班，却给了我们凑装修费的时间。

我不是头脑一热地冲动买房，是因为有一件事让我看到希望，让我相信可以用书法快速赚到钱。

2014 年夏天，我们参加了在港中旅（青岛）海泉湾度假区举办的慕尼黑啤酒节的活动。主持人在一旁介绍着我的经历，我现场为大家口书书法，写完了先展示再拍卖，拍卖得到的钱我们跟场地主办方按比例分成。

四十天的活动赚了几万块钱，这让我们看到了希望，决定靠这样的方式去挣钱还贷款、装修房子和创办书院。有压力就有动力，我们必须快速赚到钱。这样的赚钱方式，意味着我们两个都必须全力以赴，于是我向单位申请停薪留职两年，程教官也辞职了，做了我的助手。

现在想来，当时真是孤注一掷！

无所不能的"特种兵"

疲于奔命的生活开始了，我们要抓住每个可能的机会。

我们在啤酒节拍卖期间认识了几位知名演员，他们帮我们对接到了全国各地的演艺资源。于是，我和程教官开始到全国各地的演艺场、酒吧、啤酒节等拍卖字画筹钱。

我似乎又走上了卖艺之路，跟之前和母亲摆地摊卖字画或者在北京艺术团不一样的地方，就是现在有程教官陪着我，那时的我是为了自立，而这时的我是为了我的小家。

我不习惯晚睡，但演艺场的拍卖时间大部分是在晚上，等到我们上台几乎都在晚上九点半以后了，等拍卖结束，程教官收拾完东西，就快十一点了。回到住所，我们再吃点儿东西，卸妆、洗漱，到半夜甚至凌晨才能休息，然后第二天一觉睡到中午……就这样，我和程教官的生物钟都颠倒了，很长一段时间都不习惯。

但这期间，程教官把我照顾得特别好，事无巨细，他让我过上了衣来伸手、饭来张口的生活。无论是在生活中还是在工作中，我们越来越有默契。我每次上台前都需要化妆、造型，而且每到一座陌生的城市，就要去找这样的门店，很麻烦也很浪费时间，当然最重要的是费钱。程教官天生手巧，陪我去做造型的时候，他总是在旁边默默地观察学习。为了省钱，他决定自己上手，有空就通过网络学习化妆和盘头，每天都拉着我练习。他很用心，学得很快，不到两个月的时间，他就可以做出非常适合我的妆容和发型，每次上台我都感觉自

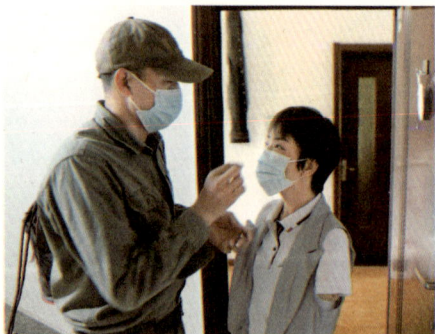
▲无所不能的"特种兵"

己很漂亮、很自信。他成了我的"御用造型师"。

不仅如此，他还是我的"御用背包师"。记得有一次去杭州，我们带着行李坐地铁，程教官一个人拿了五个包，他背着一个背囊，左手推着一个行李箱，上面挂了一个包，右手提着两个包。走到地铁站闸口处，他拿的行李太多太宽了过不去。放下吧，人过去了，东西还在那边；不放吧，入口太小挤不进去。他站在狭窄的通道口手足无措，用求助的眼神望向旁边穿着制服的站务员，但是那个站务员完全没有要帮他的意思，他只好自己在那里尝试了好几次，终于通过了。他瞪了一眼那个站务员，愤愤地跟我说："站那里像个木头似的。"却不舍得埋怨我一句。

他一直都是这样的，只要在我身边，从来不舍得让我受委屈，只要他能扛得动，他都会全部扛在自己身上，不舍得让我背一个小袋子。

亲人的离开

有一年我们在江苏省常熟市参加活动，那年的冬天特别冷。进了腊月，临近过年了，春节期间活动多，赚钱的机会也多，为了多挣点儿钱，我和程教官决定留在常熟过年。儿子才四岁，只好由他奶奶带着在老家过年。我心中当然有无限的牵挂和不舍，一想起来就难过得掉泪。

大年三十那天，我突然接到母亲的电话，得知八十岁的奶奶去世了，没过得了年关。我特别想回老家见奶奶最后一面，母亲告诉我回去可能也见不到奶奶了。因为是除夕，家里人只能匆匆地给奶奶办葬礼，不想惊动太多人，也不愿打扰大家过年。从常熟到老家，时间上根本来不及赶上葬礼，春运的票现买也几乎不可能。我的脑海中不断闪现出奶奶生前的样子，奶奶辛苦奔波了一生，作为亲孙女的我，却连和她的最后一次告别都没有做到……为了生活，我不得不身在异乡打拼，不得不在距离老家千里之遥的异地怀念着她。

这个时候，唯一可以解忧的是程教官温暖的怀抱，"会好的，一切都会好起来的"，背井离乡的夫妻只能相濡以沫。

无论遇到什么，坦然面对就好。

后来，我们到浙江省金华市一家著名的剧院参加拍卖活动。没曾想刚拍卖了一周，弟弟打来电话，说他的女儿不幸被查出急性淋巴细胞白血病，已是晚期。天哪，白血病！大家都知道这意味着什么，一听到这个消息我就哭了。生活为什么没有平静，总是劫难不断。当即我和程教官商量，提前终止协议，从金华赶回四川，我必须回去帮弟弟想想办法，哪怕是陪陪他。

弟弟为了给孩子治病，在四川省人民医院旁边租了一个小房间。我们到了后，就睡在客厅的床垫上。这个病已至晚期，已经无药可治，只能靠输血维持生命。孩子整晚地哭闹，弟弟整夜地安抚。缺钱让一个父亲陷入了无助的痛苦。我们也缺钱，可我还是想帮他。

我想到了募捐，用我的字画去募捐。在一个公园的门口，我们撑开了一幅求助的易拉宝，甚至把孩子也带到了现场。这顿时引来了很多人的围观，也有很多爱心人士给我们伸出了援助之手。我们很感谢他们的帮助，但对治疗来说，还只是杯水车薪。

最终，医生还是下了病危通知书，告知我们孩子已无法挽救。孩子被带回了家，在家里哭闹了二十多天，便解脱了……

那天晚上弟弟给我打电话，说："姐，刚才贝贝叫了我一声爸爸，然后就咽气了，她走了……唉，这么小个孩子，我真不知道如何安置她……"我也不知道怎么安慰他，只能说："大小也是你的孩子，有名有姓的，你把她带回老家，埋在一棵大树下，让她长成参天大树吧。"

后来，我问了一位喇嘛，人为什么会有这样那样的劫难？他告诉我，这都是前世的因果，这辈子是为了来承受的，无论遇到什么，我们坦然面对就好。

尚秋书院

我最初的想法是创办一个书法培训班，最后却做成了一家中式书院。这是为什么呢？

2016 年，在朋友的介绍下，我参加了青岛红十字玫瑰基金举办的女性创业大赛，在那里结识了一批青岛最优秀的女企业家，意外地，我被评为那次创业大赛的创业最闪耀之星，获得五万块钱的创业扶持，以及导师的免费三年指导。于是，我们在她们的策划和支持下，将一个小小的培训班做成了一家中式书院——"尚秋书院"，比原来足足拉高了好几个档次。

之所以叫尚秋书院，是因为我的笔名叫尚秋。我喜欢深秋，喜欢它的萧瑟与静穆，清寒与不俗，苍白与不争。这个时候，生命褪去浮华呈现出本来的面目，同时又在暗自积蓄着力量，顺应季节更替。所以我的国画老师——安徽省黄山市歙县画家鲍黎健先生，给我起了这个笔名。

经过两年多时间的努力，一家赏心悦目的新中式书院终于呈现在了我的眼前。我在书院里环顾四周，有水曲柳的博古架、月洞门景观、胡桃木的茶台、红橡木的楼梯、约八米长的重达一吨的奥坎画案，还有程教官手工做的大书架……这全都是我喜欢的风格，原木色搭配淡雅的装饰，雅致且独具匠心。尚秋书院正式成立，业务范围包括书法国画培训、户外课堂、女子学堂、企业文化活动。导师们对书院接下来的招生、课程开展、活动举办、师资力量都给予了非常大的支持，这让我收到了远超预期的效果。

▲尚秋书院

▲在教孩子们书法

我们终于如愿以偿，实现了周末在家教学生的愿望。

▲ 独享一隅静谧

尚秋书院不仅教毛笔书法、硬笔书法，而且还有很多其他传统类的项目（包括汉画拓印、吟诵、插花、六艺），以及户外的亲子活动等。程教官那个时候为了配合书院，开始学习户外教育、野外生存等课程。

每当听到书院传来琅琅书声，阵阵欢笑，我都觉得好惬意、好欣慰。有那么一瞬间，我甚至觉得这些都会是永恒。

田园私塾

家长和学生们都很喜欢来到书院上课，享受书院的氛围，但是没有人知道我们一直入不敷出。原因是我们在打造书院时过于追求品质，营造理想氛围，导致借贷太多，而且书院开在居民小区里，直接影响了它的发展。这是非常残酷的现实，也是压垮我们的两个主要原因。我们因为不舍，坚持了三年，最后还是决定把房子卖了，把书院搬到一个叫山子西的村里。

我们在山上租了一套四合院，做起了田园私塾，至今我也很怀念那个带着学生在山上同吃同住的暑假。我们早起上山采花，早饭后到学堂写字画画，傍晚上山给兔子割草，程教官带孩子们一起洗衣服、做饭，去山里探险，寻找可食用水源……大家像陶渊明一般过起了田园生活。

可惜只做了一个暑假，因为孩子们开学，周末才能上山，家长们觉得往返太远，就不再送孩子来了。田园私塾虽因考虑不周而告终，但也让我们看到了学生和家长的需求。我们决定往这个方向上继续努力，便返回市区，租了一间写字楼，也将其装成了一个很漂亮的中式风格的教室，继续着我们的创业之路……

我们面对学生时是愉悦的，面对债务时却焦虑万分。面对上百万的借贷，我们只能东拼西凑地用信用卡来还……我看到了自己为了梦想那不顾一切的样子，这个过程我得到了教训，也收获了经验，当然也为今后积攒了资源。我意识到，高估自己的能力、踮着脚尖去触碰梦想，终将带来心力交瘁、一身疲惫，这种状态让自己变得很焦躁，也正是这种焦躁影响了我的亲子关系、夫妻关系，为日后各种关系的崩塌埋下了重大隐患……

▲向往悠闲的田园生活

四 关系的课堂

鼓励自己做自己，
允许他人做他人。

第十一章
关系的泥潭

陷入关系泥潭，不抱怨、不妥协，直面自己的内心，这何尝不是自我成长的契机。

若菩来了

程教官想要女儿想了很多年，出去玩的时候，看到别人怀里的小女孩他就迈不开腿，脸上流露出喜爱的神情。他曾经被朋友鼓励，在大庭广众之下单膝跪地求我给他再生个孩子。我无法拒绝，三十七岁的我决定为深爱自己的这个男人再豁出去一次。

我刚怀孕时，妊娠反应非常强烈，最严重的时候甚至躺了三个月。即使这样，想到家庭经济的现状和第二个即将降临的生命，我也不敢休息太久，在稍微好点儿之后，就开始接校外的演讲，直到怀孕第八个月我还站在演讲台上。当时因为胎儿比较靠后，肚子看起来不太明显，所以很多观众都不相信我有八个月身孕了。

随着产期临近，我只能暂时将书院常规课程的培训关闭了。而这段时间，程教官痴迷上了古琴。他买古琴、交学费，天天练习，忙得不亦乐乎。

2019年4月14日，农历三月初十，这又是一个痛并快乐的日子。

▲ 程若菩来到人间

看到那个七斤四两的小姑娘，我又一次体验到了当妈妈的感觉，真是心花怒放。当天晚上，程教官对女儿的到来欣喜若狂，他疯狂地拍照发朋友圈，人生中第一次如此的得意忘形。我们给孩子取名"若菩"，菩萨低眉，草木茵茵，希望若菩长成一个温柔善良且欣欣向荣的女子。

看着若菩肉肉的软软的身体，我的心被再次融化。此时回归家庭的愿望越来越强烈，我想放下一切，好好地陪伴她，不能错过她生命里的每一分每一秒。这次是我母亲来照顾我坐月子。吃着我喜欢的饭菜，看着女儿粉嘟嘟的小脸，我感到身心愉悦，情绪稳定。那段时间是我有生以来最松弛的日子。

在失去双臂之后的第二十个年头，我成了一个儿女双全的幸福妈妈。

程教官的"叛逆"

2019 年年末，疫情暴发，我请了长假，打算好好陪伴孩子。疫情期间，书院的各项活动也开展不起来。

2020 年 8 月，我们开始做抖音，记录一家人的日常，当作二次创业的一种尝试。账号运营三个月，粉丝量已经达到二十万，我们开始定期开直播。不拍视频的时候，程教官会出去学一学古琴，其他时间就闲在家里，这引发了我的焦虑。我认为，一个大男人，赚钱养家是首要责任，他却迟迟没有动静，偶尔找工作也是高不成低不就的。好在我们彼此是相爱的，虽然偶尔会爆发一些小矛盾，但我一直觉得无关大碍。直到后来发生了一件事，我才意识到，我们之间的问题已经很严重了。

那天摄像师如约来家里拍视频，程教官问摄像师什么时候能拍完，他要去帮朋友装修店面。当时已经下午两点了，晚上还有其他朋友约我们吃饭，拍好四个视频，哪里还有时间开车去六十公里以外的朋友那儿装修？！我说："你这事也太突然了，没有提前告诉我们你的安排，找个理由推掉吧！"

他还是铁了心要去。我开始赌气，让他把孩子也带去。若菩才一岁半，我本意是想让他看在女儿的分上改变计划，他竟然说可以！我接着又让他不再参加晚上的饭局，我自己去。这是我惯用的撒手锏，原本希望他知难而退，可没想到的是，这次不管用了，他竟然真的带着女儿走了。

我一个人留在家里，非常沮丧和恼怒。这是我们结婚十几年来，他第一次这样决绝地"叛逆"。我也顾不上去想什么原因了，只想着怎么跟他赌气，让他后悔。

晚上六点多我如约去赴宴，朋友们都奇怪程教官怎么没有一起来，因为以往我们到哪里都是形影不离的。我故作心平气和地说："程教官忙他的事情去了，就不来了。"但实际上我知道，他已经在回来的路上，一遍一遍地给我打电话问地址，想要赶过来。我故意把手机调成静音，坚决不接他的电话。

我吃完饭回到家，一开门就见到他带着女儿在家里等我，看样子他们还没有吃饭，桌子上放着买来的两个包子。他问我为什么不接他的电话，我负气地说："你有重要的事情忙，你就忙吧，不用管我！"

其实现在回想起来，他当时应该也很生气，但终究压住了火，没有发作。这件事发生以后，我们彼此之间就有了隔阂。我和他商量任何事情，他都只有一个回答："只要你开心就好。"我明白，这是冷战。

渐渐地，我们两个人之间的对话越来越少，一开口就是争吵，后来发展到在直播间里也开始争执。我也曾尝试和他坐下来探讨问题出在哪里，但每次聊天都不欢而散。当时的我们，观念不同，立场对立，在彼此的眼里缺点越来越多，越来越无法容忍对方，都开始感觉到心累。

儿子的问题

儿子上小学一年级了，没想到的是，我很快就迎来了班主任的第一次家访，他告知我孩子学习总是跟不上。

一个周六的上午，我给书院的学生上完书法课以后，开始辅导儿子写家庭作业。我耐心地给他讲解知识，给他演示怎么做题，

▲儿子程一凡

讲完了，我问他："你听懂了吗？"儿子迷茫地看着我，摇了摇头。我又给他讲了一遍，继续问他听懂了吗，他还是摇摇头。这个时候我已经有点儿耐不住性子了。

讲完第三遍，他还是没有做出来，我的怒火腾得升了起来，一时间情绪难以控制。我用嘴衔起圆珠笔，用笔尖使劲戳他的头，一次、两次，第三次的时候，只听一声"哎哟"，我才注意到有鲜血顺着圆珠笔笔尖往下流。天哪，我戳得太重了！于是我赶紧停下来，丢下圆珠笔给他擦血。儿子委屈地涨红了脸，泪水不停地往下流，低着头不敢看我，也不敢和我顶嘴。我又生气又心疼，更多的是后悔，我这是在干什么啊？后来的好几天，儿子头上流下鲜血的画面始终在我眼前挥之不去。

直到今天我对儿子学习的问题还是很担心。

儿子出生之后，我们一直为生活疲于奔命，把他交给奶奶照顾，使他缺少了很多关爱和陪伴。对婆婆养育方式中的一些问题，我只能表达不同意见，但观念的差异始终无法改变，只好听之任之。

开始我以为只是我忙于工作、疏于教导，才出现了上面的那一幕。冷静下来，我意识到了自己过于急躁的问题，也意识到儿子可能是真出问题了。于是我开始咨询专家，查阅资料，最后才知道他有感统失调的问题。

我心急如焚，开始想办法补救。矫正的道路很煎熬，也不能快速见效，我经常沉不住气，难以控制自己的情绪。

我尝试了很多方法，比如每周陪他到机构做感统训练，寒暑假去潍坊做体适能训练，甚至找心理专家给他催眠。不仅如此，我还自学心理学，积极尝试各种家庭治疗疗法，花了大笔的钱。这个过程既是对家庭经济实力的考验，也是对一个妈妈心力的考验。我想到儿子在十岁之前，晚上睡觉还要抱着浴巾睡，这是多么缺乏安全感啊！他长期不在我身边，我也没有双臂，无法拥抱他，这很容易让新生儿缺乏安全感。每每想到这里，我的眼泪就止不住地往下流。我心疼儿子，悔恨和自责啃噬着我的心。

儿子的问题带给我的教训是：做妈妈一定要有准备，不仅需要经济储备，更需要心理健康知识的储备。

二十八个未接电话

2022年，为参加山东省第十一届残疾人运动会，我又一次被体育中心召回集训。我要比赛的项目是女子 K41 级 49 公斤级跆拳道竞技。疫情防控期间不允许家人陪伴，我只能带着满心的担忧和不舍，一个人归队。

在训练基地的每一天我都很难过，首先是我生活还不能完全自理，其次就是对女儿的牵挂。她才三岁多，还从来没有离开过我。

有一天晚上，家里的小爱音箱打来视频，我接通一看，是若菩在撕心裂肺地哭。她才三岁多，到底是什么事让她难过到这种程度呀！她哭着喊："妈妈你怎么还不回来？爸爸也不在家，我好想你们……"

啊？！

看孩子哭成这样，我受不了了，立即联系程教官。他此刻正在外面跟朋友喝酒，说很快就会结束。大概过了二十分钟，我再打电话过去，听见程教官还在酒桌上和朋友聊天。"五分钟，我再有五分钟就回去了。"他信誓旦旦地跟我保证。

我忍了十分钟再打，接电话的人不是他。

十点四十分，他告诉我女儿已经找人哄睡了。我说："这么晚了，你还是早点儿回去看看吧。"他说："好、好、好，二十分钟。"

十一点三十分，他说到了小区门口，同行的还有朋友，听着酒意很浓。

十一点四十分，他已经到了家门口，我要求开视频看女儿。他说："不、不给你看，你这样老是打电话，烦不烦！"我反复恳求，他一直拒绝，然后再打过去就是无人接听。

我已经要疯了，一遍一遍地打，最后他接了，说："今天晚上你甭想看孩子，你要是真想她了你就回来！"

我真的想立即回家，可是集训中心在一个很偏僻的地方，离家有一个多小时的车程，大半夜的是找不到车的。他整个晚上的一次次拖延已经让我失控，我便一直打，一直打到自己逐渐清醒为止。后来我翻看通话记录，一共打过去了二十八个未接电话！

通过此事，我发现自己有时候会完全被情绪控制，看到自己那种无所顾忌的咄咄逼人，看到自己那种强人所难却毫不自知，看到自己的焦虑和控制欲，还有那种近乎疯狂的状态，忽然觉得很可怕。我其实完全可以在孩子跟我视频的时候，安抚好孩子，告诉孩子："爸爸可能忙工作去了，很快就会回来，你先上床躺好，盖上被子，闭上眼睛，一会儿爸爸就回来了……"但是我没有这样做，我只管发泄自己的情绪，不仅没有安抚好孩子，也没有处理好夫妻之间的关系。看着这二十八个打过去的未接电话，我开始后悔了。

第二天，我和程教官打电话，真诚地跟他道歉，他却轻描淡写地说："没事，我都已经习惯了……"那一刻我才知道，我们心的距离已经很远。

无法团聚的年

在追求爱情和经营婚姻的这条路上，尽管有些磕磕绊绊，但我一直坚信自己是有这个能力的。然而没想到的是，我们婚后的家庭生活还是陷入了一地鸡毛。

女儿一岁多的时候，我曾经向程教官提过离婚。为什么走到离婚这个地步，原因颇为复杂，或许是两人对生活的追求不同，或许是婆媳之间的种种矛盾。说起来，像三观差异、生活习惯、争儿子、争孙子等鸡零狗碎引发的矛盾和冲突，或许所有的家庭里都有这些问题，只不过是程度的不同。作为单亲妈妈儿子的妻子，我有一定的预期，但最终实在忍不下去。关于和婆婆分开住这个事情，我们曾协商数次，都没有达成一致。内耗十年，我想还是忍痛割爱，放过程教官吧。

生了离别心，我打算回四川发展。正好那年寒假，重庆卫视邀请我们做一个节目，于是我和程教官带着两个孩子一起去了重庆。

路上，我们一直在争辩，甚至跟编导在对接节目流程的时候都在吵架。我的观点是，不和老人住在一起，并不是不孝敬，与其住在一起互相伤害，不如分开和平相处。他的主张是，一家人为什么要分开住？你是年轻人，你是晚辈，你就不能对我妈包容和忍让吗？就这样，夫妻之间的关系逐渐陷入僵局。

当时的我虽然陷入焦虑，但还可以自我调节，可是儿子的问题怎么办？他的未来谁来负责？我让程教官做最后的选择，其实我不笃定他会选我。这意味着，我们可能要离婚。

可是每次一想到离婚，我就会想起曾经他排除万难要和我在一起的决心，想起自己只身一人去北京找他，我想到这双向奔赴、拼命争来的婚姻要被迫放下，立刻就会心痛不已。如今两人走到这一步，真是莫大的悲哀！果真是爱情很美好，婚姻很残酷。

做完节目以后，他要带着儿子回河南，我和女儿在路边送他们上车去机场。当出租车启动的时候，他透过窗户回望我们的那一刻，我看到了他那绝望的眼神，心里又一阵剧痛。

我带着女儿回到了母亲身边，我很想扑在她怀里痛哭，但是我不能，我要强颜欢笑，报喜不报忧。

各回各家之后，他从来不主动给我打电话，每次打电话问儿子爸爸在哪里，儿子都说不知道。直到后来有一次他妹妹给我打电话，说哥哥在她家痛哭流涕，原因是舍不得我，放不下我……

我不得不又一次面对一道人生极难的选择题：离婚还是共生？

大年初一，弟弟开车带我去找喇嘛朋友聊天。车子开进甘孜藏族自治州的甘孜县，我看到迎面而来的大山，那种神圣和肃穆震撼着我的心灵，仿佛有一股神奇的力量荡涤了我内心的烦恼。我看到自己是那么渺小，我现在面临的所有障碍，其实并没有我想象的那样无法逾越。导致我矛盾、纠结、倍感煎熬的，并不是事情本身，而是我自己，只是我一直浑然不觉，从来没有深入地追问自己，了解自己，反思自己。

第十二章
角色的反思

经历通过反思才能转变成经验，我开始从女性价值的视角去解读我的每一个角色，给"她们"一个新的定位。

作为女儿

从甘孜回来，我开始梳理自己的经历，反思自己，也反思身边的各种关系。

首先，我成长的起点，是父母、我和弟弟组成的这个家庭。

2007 年，我和父母、弟弟商量在青岛买房子。那时我和程教官已经确定了恋爱关系，因为当时手上还有一笔事故赔偿款，所以很想给爱找到一个归宿。

母亲不同意，父亲一直没有表态，只有弟弟支持我。其实那个时候，母亲反对的理由，我是不怎么听得进去的，只一心憧憬着和爱人住在自己房子里的美好生活。弟弟支持我，他说："姐，不要听妈的话，我支持你，我陪你一起去看房子。"

后来，弟弟真陪我去看房子了，我当时就交了定金，回来后才告诉了家里人。母亲情绪很激动，对弟弟说："你忙前忙后地张罗个什么？到时候你连个住的机会都捞不着！"说着说着，她就跑到阳台上抹起了眼泪。当时我和弟弟都摸不着头脑，不知道母亲为何这般伤心和生气。

后来我和程教官几经周折，终于走进了婚姻的殿堂，而且不久就怀孕了，母亲也就不再提这个事情。她只是每天忙来忙去的，给我买好吃的，做好吃的。后来我生下儿子，我们搬进了新买的房子，程教官的母亲也从河南来到了青岛，两位母亲跟我们一起住了进去，一起照顾我和孩子。

奶奶见到孙子，自然是爱不释手，所以她照顾孙子非常主动和勤快。母亲主要负责照顾我，给我做月子饭。渐渐地，两位老人出现了争执，争执的焦点是在我儿子身上。我当然知道这个外孙对母亲来说意味着什么，他是自己的残疾女儿拼死拼活生下来的，也是孙子辈的第一个孩子。可是和奶奶争孙子，作为外婆的母亲总是很失落。母亲在我床前跟我谈过，她说："春娃，你现在已经出嫁了，进了程家的门，就是程家人，这个家是你们的。等你坐完月子我就回到你爸爸那边去，你有什么需要到时候再说，为了你们小家庭的和谐，妈妈也不想跟她争。"

我完全没有料到会出现这样的情况，买这套房子的初衷，是为了结婚后和我父母住在一起的，并没想过和婆婆住在一起。可是程教官知道后却告诉我，如果他妈回去了，他就和我离婚。那时候儿子才一个月，我陷入了两难的境地。我终于明白了母亲当初为什么反对我买房子，甚至偷偷地哭个不停，她那个时候该有多么的寒心！心尖尖上疼爱的女儿，悉心照料的宝贝，有一天连人带钱全走了，只留下年迈的她孤独寂寞！我不知道母亲那时是带着怎样的心情离开了我的身边，离开了青岛，现在想起来我还是万分内疚和自责。

是的，我特别自私，买房这件事我确实考虑不周，我拿走了全部的赔偿款，并没有给他们留下一分一毫的养老钱。其实这笔事故赔偿款不是属于我一个人的，里面还有照顾我的护理费，还有我因此不能赡养父母的补偿款……原本这个钱就有父母的一份，更何况自从我出事，母亲就顾不上父亲和弟弟，寸步不离地照顾我。这么多年了，我只顾自己打拼发展，追求美好生活，不仅没有给她回报，还拿走全部赔偿款去买了房，然后和婆婆住在里面……我越想越懊悔，觉得无地自容。

后来，父母从青岛回到四川老家，老家的土坯房早已坍塌，这个时候弟弟也到了谈婚论嫁的年龄，爸爸拿出在学校当保安省吃俭用攒下的四万六千元，又找亲戚借了些钱，在资阳按揭买了一套房子。

父母回四川后，从没有在我面前抱怨过这些事，甚至每次通电话都说，只要我过得好他们就放心了。

我怀女儿时，前三个月妊娠反应特别强烈，父亲从四川赶来青岛照顾我，给我做我爱吃的饭，待我反应不那么强烈后便回去了。母亲本来在老家照顾弟弟的儿子，但在我生产前的一个星期，她还是不放心我，也是在我的再三请求下，又来到青岛照顾我坐月子。我知道这件事情让母亲有多为难，一边是上小学的亲孙子，一边是快要生孩子的生活不能完全自理的女儿，而且还有相处不甚愉快的亲家母。权衡再三，母亲叮嘱父亲在家照顾好弟弟的儿子，还是一步三回头地来了青岛。我的第二个月子，幸好有母亲在身边陪伴，一切困难我都能面对，情绪也稳定了很多，我深刻地感受到，只有亲生母亲才能带给孕产妇最大的鼓励和支持。

我现在每年暑假都带着孩子们回去陪我的父母，他们见到我和孩子们别提有多高兴了，对我依旧是慈爱有加，每次走的时候，也都是泪眼婆娑，依依不舍。血浓于水的亲情，历久弥坚。我自己做了妈妈以后，每次回去都会跟母亲聊天到半夜，母亲常常跟我絮叨："春娃，你现在也有女儿了，千万不要让她远嫁他乡！就把她留在身边，想见随时能见，互相也有个照应。"我从这话里面听出了母亲对我的满满的思念和担忧，都说羊有跪乳之恩，鸦有反哺之义，而我作为她的女儿，做得实在太少了。

作为父母，他们可能对子女别无所求，就像母亲说的那样，我们有出息，他们脸上有光，这就是对他们最好的回报。可是作为子女，我们不能只顾着自己，而是要感恩于父母对自己的培养，要体谅和照顾父母，这就是我们中国传统文化中讲的"孝道"。这不是道德绑架，而是家庭成员之间亲情流动的必然结果，是情感驱使下的自觉行为。

自从经济条件好转，我时常给母亲一些钱，确保他们生活无忧。后来又在资阳买了套公寓，装修好，钥匙也给了母亲。母亲每周都会过去帮我打扫卫生，浇浇花，坐一坐，住一住。虽然我一年就回去一两次，却给了她很大的心理安慰，因为那里是她女儿的家，她可以自由进出，睹物思人。

我觉得我之前是伤了母亲的心的，她养育了我二十七年，特别是在我失去双臂后的第一个十年，母亲等于是抛弃了父亲和弟弟，把所有精力都放在我的身上，全程陪伴我、照顾我，辗转于各座城市。我那时都没有考虑过父亲和弟弟的感受，因为他们在我面前表现出来的始终只有关爱。因为这份关爱，他们三个人把不该承受的委屈都压在了各自心底，把爱都倾斜给了我，我身上汇聚着全家四个人的力量，所以才能有勇气用十年时间走出来。想想如果没有这股强大的力量，没有他们，又何来今天的我？感恩我的原生家庭对我不遗余力地托举。

再次回想我在出嫁之时的状态，只顾向往爱情的果实，没有想过回报父母的养育之恩，甚至还带走了所有的赔偿款，去营造自己的小家庭。直到现在，我也有了女儿，成为妈妈，才开始认真思考应该如何做一个好女儿，这同时也关系到我该怎样对待和培养我的女儿。

从原生家庭溯源

有一天，在跟程教官闹了别扭以后，我独自在家自省，突然就想到了母亲，想到了我生活二十七年的那个家庭里面父亲和母亲的相处方式。母亲思维敏捷、行动力强、坚强乐观、开朗大方，在家里什么事都管，她总有操不完的心，里里外外都做得不错。

父亲不善言辞，喜欢抽烟、喝酒、打牌，但他心思细腻、勤恳，能吃苦耐劳，干的活也漂亮。

我听母亲说，在我出生后不久，他们就跟爷爷奶奶分开住了，搬到了山的另一边建了新房子。父母带着我建立了真正意义上的小家庭，所以在我的原生家庭里，家庭关系比较简单。母亲总是觉得父亲什么事情都做不好，爱挑他的毛病，喜欢唠叨他，对此父亲几乎从不辩解，或许他觉得辩也辩不过母亲，或许是男人对女人的包容。他们虽然偶尔也会有吵闹，但最终还是心照不宣地干着各自应该干的事，总体上生活还是很和谐的。

他们两个人就是我们这个小家庭的核心，在商量不管是大事还是小事的时候，两个人的思想还是很容易统一的，方向也是一致的，我想这不仅仅是因为他们三观相近，或许还因为在小家庭这个环境中，成员之间更容易相互理解和支持。

原生家庭对个人的影响是极其深远的。回想我父母的这种相处模式，像极了我现在的家庭，我们吵架多半也是因为我操心和管得太多，嘴也太碎，要求太多。

想到这，我惊出一身冷汗，心想我一定不能成为母亲那个样子，最后落得出力不讨好。父亲尽管挣钱不多，

▲原生家庭的一家四口

但他一直在干，再苦再累他都不怕，这样其实也挺好的，不操心不费神。抽烟、喝酒、打牌，这是他的生活乐趣，也是简单易得的休闲娱乐方式。对背负着家庭重任的成年人来说，如果只知道工作，不知道休闲，就会不堪重负，那活着还有什么意义？每个人都有自己的生活方式，活出自我是每个人的权利，应该允许别人活成别人的样子，也允许自己活成自己的样子。

梳理和反思了原生家庭带给我的影响，我意识到，程教官也是带着他原生家庭的烙印和我走到一起的，我们最终也会组建出自己孩子的原生家庭，那我们应该怎样回报父母，怎样对待彼此，又将传承些什么给孩子呢？

作为妻子

妻子，以前在我这里一直只是个名词，直到现在我才开始认真思考这个角色。作为女性，我们一生会拥有很多专属于女性的角色，比如女儿、妻子或妈妈。一次和朋友聊起这个话题，说到从女儿到妻子的角色转变，中间还有女朋友、未婚妻、新娘三种身份。我想了一下自己，好像并没有过未婚妻这个身份，因为程教官回去求他妈妈同意我们结婚那段时间，我觉得八字没一撇，不敢奢望在一起。他妈妈同意后的第二天，他就赶来青岛接我回去办喜酒，向亲友广而告之，为的是不给他妈妈后悔的机会。我当时只顾得开心，我俩终于不用分开了。至于结婚后两个人、两个家庭怎么相处，则完全没有考虑过。好像只要我们把结婚誓言讲得好，一切都会高枕无忧。

婚后接着就是怀孕、生儿子、赚钱、养家，我们被接踵而来的各种事情牵着走，疲于应付，并没有什么计划、打算，甚至都没有商量的机会。现在想来是欠妥的，这也为后来的生活埋下了一些隐患。比如，结婚后我们组建了小家庭，日常开支有保障吗？谁管钱？生了孩子，哪边的父母来帮忙，帮多久？是否要长期和老人住在一起？我和他在家庭中分别负责哪些事务？

这些问题也曾在我脑海中一晃而过，但是婚后的当务之急是赚钱，就被积压下来了。就这样，旧的问题没有解决，新的问题又接踵而至，导致我们之间的矛盾越来越多……

记得几年前，我们在参加浙江卫视《中国梦想秀》节目的时候，导演问程教官："你的梦想是什么？"程教官指着我说："我的梦想就是帮助她实现她的梦想。"导演很感动，我也很感动。但现在细想起来，这句话藏了多么大的隐患啊！没有人是为另一个人活着的，也没有人有权利绑架他人的人生。现在回想起来，当时的他对我的"宠爱"实在是过了火！

因为他的善良和对我的爱，所以他承诺要给我顺心舒适的生活，他想好好照顾我，这是他的初心。我为了回报他，也不忍心让他出去干又脏又累又不赚钱的体力活，所以愿意承担更多，在他的照顾下，挖空心思、拼尽全力地去赚钱，努力提高我们的生活质量，这是我的初心。

他脱离他的职场，加入我的职场，担负起了我的助理这份工作。他对我生活上的照顾无微不至，我俩已经达成了很高的默契，这方面没有一个助理可以做得到。我们就这样开心地启程了，我却忘了他对我的职场规则毫不知晓。遇到问题我会习惯性地想办法解决，埋怨他一点儿建设性的意见都没有。我拿出当初刚失去双臂与命运抗争的姿态，一直拼命往前冲。习惯了单兵作战的我，忘记了我现在属于一个团队，而且是和我这个领域里的职场新手组成的团队，他可能并不熟悉我的"打法"，我也没来得及给他仔细讲解，由于是夫妻，我默认他可以做到，他应该做到。很快，我就尝到了各种挫败的滋味，感到心有余而力不足。

　　他尽心尽力地干活，却总是感到无所适从，找不到自己的定位，又看不到半点儿成绩。他是我的助理，所以我会对他提出各种工作要求，却总是忘记他还是我的丈夫。他带着这样的双重身份待在我的身边，做助理没有工资，做丈夫又被我呼来唤去，冲突和委屈可想而知。我们的分歧由此而生。当时的我也意识不到自己的双重身份，在职场中我是他的上级，在生活中我是他的妻子。我埋怨他是像猪一样的队友，跟不上我的节奏。他对我发脾气，说我不考虑他的感受，忽视他的丈夫身份，他已忍无可忍。最终职场上下级关系处理不好，夫妻关系也处理不好，我们都是一肚子的委屈和抱怨。

　　也许他理解我的不易，我却不能苟同他的担当。当时的我想，一个男人，只需要照顾好妻子的生活就万事大吉了吗？我苦笑自己担不起这份衣来伸手、饭来张口的福气，要是我家财万贯，大概就愿意他这样天天围着我转了。可惜现实就是现实，我们上有老下有小，日子过得捉襟见肘……

不、不、不，一定是我误解了，我绝不相信他是一个没有担当的男人！他为了我们这个小家庭愿意干那么脏那么累的活，不是担当是什么？！说到底还是因为我，作为妻子心疼他，不让他以他能胜任的方式（用体力）去赚钱。我把他架起来，架那么高，又埋怨他没有作为！这么短的时间，他能适应就不错了，能有什么作为呢？再说，我们这种合二为一的模式，一开始就把账算错了。尽管他以前的工资低，但那也是家庭的一份稳定收入，让他辞职来做我的助理，我的收入并没有增加，只是在职场里多了他的照顾。如果以家庭为核算单位，我们的实际收入其实是减少了，这才是我那时候挫败感这么强烈的原因，也是首次创业四年来一直负债的重要原因。

婚内的"应该"二字

我以前总是认为，程教官选择和我在一起，也就是选择了要照顾我的生活，所以，他照顾我是理所当然的、应该的。后来我才发现，就是这个"应该"思维严重影响了我们的夫妻关系和家庭发展。现在我知道了，他可以这么想，而我不可以。

在备战山东省残疾人运动会的集训期间，也就是因为女儿，我给他打过去了二十八个未接电话那次，我一个人在食堂里产生了一次前所未有的顿悟。

因为自己生活自理能力的不足，又没有专人照顾，我在集训期间每次去食堂吃饭都很纠结。食堂里的饭菜是自助形式的，谁帮我打饭呢？这是个让我很难为情的事情。我只能请食堂的工作人员、一起练习的队友，或者是教练帮忙。那一天，我去得太晚了，找不到人帮忙，我就自己用脸颊和肩膀夹起公勺自己打饭，想吃的竟然都能舀进自己的盘子！我坐在桌子旁，吃着自己打的饭，心里想，我其实都会，可之前为什么要等别人帮忙？还让自己那么尴尬，差点儿不敢进食堂吃饭。原来，我养成了依赖思维！谁让我又有了这个该死的想法！我一路抗争，不就是想证明我能靠自己吗？我没有手，理应得到照顾？呵呵，我冷笑着叹了口气，难怪之前参加比赛时，程教官陪着我、照顾我，队友们投来的不是羡慕的眼光，而是不屑！同样是肢体障碍，别人都能自理，就我不能！我突然开始鄙视自己。

吃完饭，我把之前自己从不收拾的盘子用嘴咬着，放进了收纳筐，然后气宇轩昂地走出了食堂，外面晴空万里，我一路上哼着歌，欢快地跳跃着回到宿舍。我知道从此我可以肆无忌惮地走进食堂吃饭了，再也不用期盼别人来帮我。十几年的抗争，毁于程教官这几年的宠爱，用进废退，人的惰性真的是可见一斑。

我是一个妻子，而不是某个身上的寄生虫。我原来已经如此依赖程教官，以至于形成了惯性思维。"应该"二字在我脑中不自觉地疯狂滋长，侵蚀了我靠自己的信心。我感觉到很羞愧，曾经的我在讲台上标榜自己很独立，现在的我却连生活自理能力都开始退步了。我是以爱人的身份与程教官结婚的，我们在一起是因为爱情，而不是因为他对我的同情和怜悯。同情和怜悯是对我的不尊重，这也正是我一直鄙视的。同样，他愿意和我结婚，也是因为爱情，而不是因为同情、怜悯才来照顾我。他是因为爱我，才主动给我提供方便，让我开心、舒服，我可以接受却不能当成应该，自己的需求依然要由自己负责。我也要回馈给他平等的爱，他是我的丈夫，不是我的生活助理。

我低下了高昂着的、自以为是的头颅，我为自己错误的想法导致的错误行为感到无地自容，想起我对他那些声色俱厉的声讨，那些振振有词的指责，那些毫不留情的批判，都是多么痛的领悟啊！尽管我也有许多压抑和委屈，有许多心理的不平衡，不懂得如何处理这些方方面面的事情，但是这不能成为我飞扬跋扈的理由，不能因此就完全忘记自己在婚姻关系里的角色，以至于在出现问题时，我完全没有静下心来思考和寻找更平和的解决办法。

结婚十年，我走进了家庭关系的死胡同，我既没走进孩子的内心，也没有处理好夫妻关系，还欠下一些债务。我每天被家庭关系撕扯，为生活发愁。最心痛的就是当初为爱冲破世俗、不顾一切的两个人，怎么就走到了今天这个地步？不是约好下辈子、下下辈子还要在一起的吗？

经历了忧伤、烦恼、哭泣，我开始反思，一件又一件的事情，让我看见了自己的状态，包括其中错误的思维方式和行为。我真是难以置信，亲手把自己的生活搞得如此糟糕！我很清楚，离婚绝不是我俩的本意。因为离婚一定是两败四伤，甚至八伤。

在我的人生观里，如果一个人的家庭都不完整，哪来的幸福可言？曾经为了做有钱人，为了自己所谓的幸福拼命工作，挤进了所谓的有钱人的圈子，走近他们，却发现那些有别墅、有豪车、有产业的人，也不都是幸福的，他们也有离婚的，也有没孩子的，家庭里的冲突也不少，这让我无法因为他们的财富而羡慕他们。我明白了，在我的观念里，家庭幸福才是排在第一位的，这才是我要追求的。所以，为了家庭的幸福圆满，我可以放下个人利益，放弃事业、机会，放下面子，用更多的时间做自我觉察、自我调整。

直面自己很难，我很快就看到了自己的缺陷，为此我自卑到了极点，但我知道不能逃避，因为我还想要幸福。于是我告诉自己，要鼓起勇气去面对"黑洞"（我把自己的缺陷或不足叫"黑洞"）。我要承认自己并不是自以为的那样优秀，承认自己的平凡和庸俗，承认自己力所不及，然后接纳自己的短板。我告诉自己：我已经看到自己的问题了，我可以尝试把它们修补好。

当我接纳了自己的平庸和缺陷，用同样的方法，我开始接纳程教官的不足，立马看他顺眼了很多，毕竟他是我深爱过的人。我对待他的态度柔和了很多，开始在意他的感受，夫妻关系也开始渐渐好转。我开始认真思考女性价值，开始去解读妻子这个角色，开始给自己重新定位，生活重心也开始向家庭倾斜。

在职场中解绑

我参加完跆拳道比赛，拿到冠军奖牌，返回学校时，学校为我举行了欢迎仪式。我很开心，不仅因为这次获了奖，更因为这次比赛带来的自我思考和顿悟。

我同程教官商量过后，向学校写了份申请，申请我的工作从宣传部调回学工部心理健康教育中心，同时申请学校给程教官安排一个合适的岗位。申请很快得到了批复，程教官又回到了原来的工作岗位。我希望他能活出他自己的样子，找到他自己的价值和尊严，这也是我想看到的，我应该还给他的。完成了我和他在职场中的解绑，回家后我们继续做夫妻。

重新"上路"的我，开始自己洗脸，自己涂抹水乳和面霜，自己穿衣服。我走进厨房做饭煲汤，走进卫生间给自己和家人洗衣服、洗鞋袜，在家里拖地、整理房间，尝试做一切力所能及的家务事，一件件的事情干下来，我感觉到了前所未有的自信和自在。这是一个家庭女主人的自信与自在，是一种享受，是一种幸福。原来不是别人把我照顾得很好就是幸福，真正的幸福来自亲力亲为的自我满足。

无论在家里还是在工作上，我开始调整思维，做自己力所能及的事情，做自己愿意做的事情。我把自己的角色和身份定位清楚，不属于自己的事情，一概不再主动插手，除非别人向我求助。

我发现，这么做自然就没有因为心理不平衡而带来的抱怨、急躁等坏情绪。

我再也不给程教官安排"他应该做的事情"了，他不想跟我说或者不想讨论的事情，我也不去追问、干预。我每天做好自己的事，比如陪伴、照顾好孩子，把房间收拾得干干净净、整整齐齐的。我自己心情愉悦、情绪稳定，这样就够了。自从转变了观念，我感受到了前所未有的轻松和满足。

有一天，一个认识了八年的朋友来家里做客。她落座以后说："姐，我觉得你比以前亲切了很多，状态也很好。"我很受用"亲切"这个词，笑着问她："是吗？"她告诉我："你以前留着长发，穿着中式裙袍，仙气飘飘的，很是漂亮，但我总觉得你是在天上，我们普通人够不着。现在，我感觉你是仙女下凡，突然落在了地上，我能触摸到你了。"我很诧异她能有这种感觉，这种感觉正是我喜欢的女人的样子，柔和而亲切。

今年暑假，我带着两个孩子回四川老家，程教官去了陕西省西安市的终南山带了一个月的夏令营。他做主教官，一个人带着三十个孩子。刚开始的两个星期，给他打电话时他的嗓子都是哑的。从他发的微信图片来看，我感到他的工作是前所未有的辛苦，因为一般三十个孩子的夏令营，至少要配两个有经验的辅助教官和一个生活老师。而这次夏令营，从早上起床、集合带队跑步到全天的课程开展，都是他这个主教官一人带队。很多项目需要他自己动手搭建、准备物料，晚上十点以后，他还要检查宿舍和维持纪律，安顿好每一个孩子，他才能休息。那一个月，他很少有时间和我们打电话，想孩子的时候，就用短短的几分钟和我们视频，而我偶尔也会发一些孩子们的视频给他，让他抽空缓解思念。

在孩子开学前的两个星期，我们从两个不同的地方返回青岛。看到他的那一刻，我觉得非常心疼，眼前的他满身疲惫，比以前黑了、瘦了，但是精神饱满、意气风发。我当然知道他那么辛苦是为了什么，自然是为了我和孩子们。

我问他："这一个月的夏令营，对方给了多少钱？"他说："两万。"我说："不错嘛！但是你一个人顶三个人，两万块钱赚得很辛苦吧？"他没说话，拿出手机跟我说："我给你转一万。"我有点儿不知所措，说："不用，这是你赚的辛苦钱，我这儿还有，你先留着自己花吧！"他还是转给我了。看到微信里的那个"巨额"数字，我犹豫了一会儿，想了很多。这是结婚十几年来，他独自在外面赚到的并且一次性转给我的最大的一笔钱。我觉得我收下他应该是开心的。作为一个丈夫，把自己辛辛苦苦赚来的钱转给妻子，他得是多么自豪呀！所以我一定得收下这笔钱。然后，我像小鸟一样跳到他身边，笑着亲了他一口。

我没有去追问他留下的那一万块钱，那是他的劳动所得，他有权利去支配，他有这个自由。他用他的实际行动证明了自己，他一直都有创造价值的能力！所以我很感动，也很感慨，经过这几年的成长，他再也不是在工地或小工厂里下苦力，任人随手给点儿小钱的工人了，他是一个除了平时在学校上班，有固定的收

▲度假中的二人世界

入以外，周末还能参加校外的研学拓展活动的户外教官。他培养了自己的一个执行教官团队，不但树立了自己的户外教育理念，还具有了课程开发的能力。也许早解绑，他会早起飞吧？我不知道。

我们的生活终于步入正轨，原来这一切才是我想要看到的。他可以像雄鹰一样展翅高飞，将捕获的猎物带回鸟巢，雏鹰们一定会看到和感受到，将来他们也会像爸爸一样翱翔天空！我也开始真正理解了一个妻子的含义，回归到了妻子的角色。

夫妻是什么？是后天的亲人，是长久的依靠，是前行的伴侣，是彼此的映照。

对此，舒婷已经在那首名满天下的诗中做了最好的诠释："我必须是你近旁的一株木棉，作为树的形象和你站在一起。"两棵树，不一样，但根植于同一片土壤，沐浴着同一道阳光。我愿两个人，彼此独立，又共同成长。

作为母亲

也许想要孩子是每个女人的天性吧，我是在二十四岁那年开始渴望能生个自己的孩子。我知道自己是意外失去双臂，并非遗传，所以孩子不会和我一样有身体的缺失。但我还是有点儿不放心，期待能早日亲自生一个确认一下，我想看到自己四肢健全的孩子，也想证明自己作为女性是完整和健康的。

母乳喂养传递的是母爱。

儿子因为我的问题没吃上母乳，这是我的终身遗憾。幸好，在生女儿的时候，我的乙肝病毒并不活跃，传染性大大降低了。在查阅很多资料后，我才敢给她喂的母乳，弥补之前在母亲角色中的部分缺失，减少自己心中的遗憾。

生完儿子坐月子的时候，我第一次做母亲，因为无法母乳，又无法给孩子冲奶粉，所以为了方便，孩子就没有睡在我身边。我坐了三十五天月子，就出门工作赚钱去了。回想那时候，心中有很多遗憾。第一，因为没有育儿经验，想着自己没有手，就没有尝试去照顾孩子，也不知道妈妈的陪伴对孩子来讲意味着什么。第二，也是最主要的一个遗憾，就是我当时一门心思放在赚钱上，只认为有了钱才可以给他买好奶粉，买衣服、玩具，只要满足他的物质需求就可以了。所以儿子在七岁以前，基本上是奶奶替代了我这个妈妈的角色。对此我常感到后悔，而且是随着我越来越成熟就越来越后悔的那一种。

直到儿子七岁上了小学，需要辅导家庭作业时，我才正式接手管他。虽然以前我和他在一起的时候，也会搂搂抱抱，但是一比较才发现，和养育女儿相比，我亏欠儿子太多，对他的陪伴太少。儿子也喜欢和我睡，睡在一个被窝才叫亲密，对婴儿来讲，那里有一颗他曾经熟悉的、能给他带来安宁的心。一出生他就没在我的被窝里待够时间，而在婴儿心里，除了母亲，其他人的怀抱都是陌生人的。

我搂着儿子，亲着他的额头，心想，小孩子其实并不在乎吃什么、穿什么、住哪里，他只是更愿意和妈妈待在一起，需要有妈妈的陪伴，需要有温暖、理解、保护、关注和疼爱。也许，他只是单纯地依恋妈妈的怀抱，所以努力地蜷缩自己，贴近我的身体，感受来自妈妈的柔软和安全。

只要意识到了就要开始补偿，只要开始行动，一切就都还来得及！我自我安慰道。

女儿是按计划来的。前面说到，经不住程教官的软磨硬泡，我摘除了节育环，不到两个月，她就来了。这让发誓再也不生孩子的我禁不住自嘲，真是好了伤疤忘了痛！怀若菩的时候，正是书院走向没落、自己想回归家庭的时候。确实，在怀女儿的时候，我的情绪稳定了很多，已经明白了孩子比挣钱更重要。可能年龄也到了吧，毕竟三十七岁了，养育孩子也有了自己的想法。我吸取之前的经验教训，在谁帮我们带孩子这件事上，早早地跟程教官达成了一致：我要亲自带孩子，并且母乳喂养，让我母亲来帮忙。

一切都在我的掌控之中，并顺利进行着。女儿也是剖宫产，虽然也疼痛，但我已经没有了之前的恐惧，我知道这是正常的必经之路，所以不太在意这些了。生完女儿后，我把绝大部分精力都放在了孩子身上，每天关注着她的点点滴滴，丝毫不敢懈怠。

但母乳喂养是第一次，没生之前我已经在脑海中模拟过无数次的场景了。比如，我可以把孩子放在腿上，俯身把奶头送进她嘴里，或者拿个袋子把孩子装进去，挂在脖子上，让孩子的嘴刚好够到奶头……不过想象不如实操，只有当孩子躺在面前嗷嗷待哺的时候，我才知道该怎么喂。我也侧躺着，跟她保持合适的距离，能把奶头刚好送到她嘴里，她吃得舒服，我也要躺得舒服。为此我调整了好几天，每次吃，我都在找感觉，找好一侧感觉以后，又开始找另外一侧的感觉，不能让她只吃一个乳房，不仅她也不答应，奶水也不够啊。

　　别看小小的她皮都没长开，她可精着呢！有一次，我给她吃左边的奶，她吃了几口，就摇了摇小脑袋，把乳头吐了出来。我再喂进去，她还不吃，我想没吃饱怎么就不吃了呢？我赶紧翻到她的后面，让她侧过来吃另一个乳房的奶，她就咕咚咕咚吃得很欢。乖乖，才两个月，话都不能说，她就能示意我她要吃另外一个乳房的奶！开始因为她小，喂奶都是我在她左右移动，后来她大一点儿了，我可以让她先吃一侧，吃得差不多了，把那个奶侧压在身下，俯下身她就可以吃到上面另一个了。这样我就轻松多了，不用再起身翻到她的另一边。

　　母乳喂养很不容易，一开始我的两个乳头都被她吸裂了，能在红肿的奶头上清楚地看到裂缝，那种疼痛就像用小刀划破皮的感觉。她一天吸我六次，疼得我直流眼泪。她一边吃，我一边痛得掉眼泪，但是从没想过要放弃。吃完了，母亲给我的奶头清洗，涂上药膏，不到一会儿，她又要吃了，又要用水冲洗掉药膏，冲洗时还会渗血，那种疼痛，至今难忘。

后来随着女儿慢慢长大，乳头就不再裂了，也许是适应了吧，毕竟这个器官就是用来哺乳的嘛。我喂了她十一个月的母乳，最难熬的是半夜喂奶，我一直没有熬夜的习惯，由于哺乳，孩子夜里至少吃两次，半夜一点一次，凌晨三四点一次，都是在我睡得最香的时候被吵醒。十一个月晚上没有睡好觉，我的头发一把一把地掉，头皮痒得很难受，自己又挠不到，只好找母亲帮我挠，找程教官挠。没有人帮忙的时候，我只好自己在床头、暖气片、桌子、柜子上不停地蹭来蹭去。为了治好头皮痒，我换了无数的洗发水，找了中药的、西药的药水洗，都不行。我被头皮痒折磨了一年多，直到做了头疗去屑，才解决了头皮真菌感染的问题。

最开心的是，女儿长得胖乎乎的，脸上身上全是肉，小区的阿姨们给她起了个昵称，叫"肉肉"。抱去打疫苗的时候，医生笑着说这孩子胖得没有脖子了。女儿的出生滋养了我曾经急躁而动荡的心。我陪在她的身边，看着她熟睡的模样，和她愉快地互动，摸着她柔软的身体，嗅着她身上特有的奶香，一切都是那么美好，幸福而满足。最重要的是，这段时间，我没有情绪上的大起大落，没有莫名其妙地发脾气，我的内心是安定和温暖的，这也要感谢我的母亲对我这一段时间的悉心照顾。她让我更加明白亲妈对女儿的意义，她起到的作用无可替代。

有一天，我翻看手机相册，不知道为什么，看到女儿和她外婆的合影就哭了。这两年，我在做什么？我在全身心地体验做母亲的幸福与艰辛。孩子是母亲的心头肉，母亲用爱与心血滋养孩子。就拿我来说，我母乳喂养了三百多个夜晚，期间没有睡过一个踏实觉，而前九个月都是外婆一个人照顾我们母女，无人能替换。母爱是不顾一切地，不忍孩子受半点儿委屈。我是女儿的母亲，女儿的外婆也是我的母亲啊！我的女儿长得这么好，是我的母亲精心给我做的饭、炖的汤滋养出来的。我有了足够的营养，才能用丰富的乳汁喂养出这样胖胖的女儿。

这是我结婚十年来和母亲相处的最长的一段时间了，她是我的母亲，我是女儿的母亲，三代人的血脉相连，三个女人的互相治愈，让我更加意识到，一个女性的心智成熟，是从真正担当母亲这个角色开始的。我也开始懂得、体验到母亲的含义！母亲，是柔软和爱的化身。

兄妹之间

有一年夏天我带着一凡和若菩去看望我母亲，在她那里过暑假。

一天晚上，他们俩都躺在床上，一人枕着我一个肩膀，我们仨就这样亲密地躺在那里，我感觉自己是这个世界上最幸福的人了。我亲了亲左边，又亲了亲右边，心里想，怎么样激励一下两个孩子呢？于是故意说："我跟你们说个事，你们俩都要好好学习，努力生活。如果谁偷懒不努力，比如说，哥哥不努力，没有好的

▲一凡和若菩兄妹俩

生活,他有一天穿着布鞋,用蛇皮袋提着半袋子花生来找你,菩儿,如果有一天是这样啊……"听到这里,儿子咯咯笑起来了,我也继续笑着逗女儿,说:"假如他不努力的话,他过得不好,拿着花生来看你,你不要给他开门哟,坚决不开。因为他自己不努力,所以没有很好的生活,你可不要帮助他。"女儿说:"我要开!"我说:"不必开,为什么要开?"女儿说:"我就要开,因为他是我亲哥!"儿子在旁边欢呼起来:"你看妹妹都没你这么狠心。程若菩,你是好样的,我爱你,你是我的好妹妹!"

于是两人抱在一起欢快地蹦跳。我在一边也开心地笑了,哥哥一个劲儿地给我抛来嫌弃的眼神,我忍不住大笑起来,笑罢了,说:"最好你们两个人都努力呀,如果有一天妹妹或者哥哥遇到了暂时的困境,你们才有能力给到对方支持和帮助,让对方脱离困境,如果自己都过不好,没能力,眼睁睁地看着亲人落难,会不会很自责、很内疚?"两个孩子都点了点头。

这小兄妹俩有时候好得不得了,有时候也会闹些小矛盾。

有一天晚上,老大放学回家,我和老二在卧室里看绘本,哥哥拿着一张卷子冲进来,气冲冲地大声质问妹妹:"程若菩,这

174

是不是你干的？！"我一看，他拿的是一张物理卷子，填空题全部用红色笔画了"×"，这显然是妹妹干的。哥哥确实气坏了，妹妹吓得不敢说话。我出来打圆场，说："你先不要那么凶，你的卷子首先你自己应该要收好，我看见卷子放在桌子上一两天了，我都以为那是你不要的。"

哥哥气冲冲地出去了，我和妹妹都愣在那里。我问这是不是她干的，她点点头。我说："你看啊，如果你的卷子、你的本子，哥哥给你画得乱七八糟的，你会不会生气呀？"她点了点头。我问她接下来应该怎么办，妹妹就下了床去找哥哥。我听见她在客厅里说："哥哥，对不起，是我画的，我不知道那个卷子是你还有用的。"哥哥似乎还不解气，一直不讲话，然后开始拿出作业来写。到吃晚饭的时候，哥哥也不过来，说是要先写作业，谁叫都不吃，看样子气没消。

第二天，看他情绪好转，我就问他："昨天晚上你冲妹妹发那么大脾气，是不是在学校遇到什么事了？"他说当天下午的确跟同学发生了一点儿小矛盾，情绪有点儿失控。我说："我知道你发那么大的火肯定是有原因的，但一定记得要先控制好自己的情绪。写完作业别忘了收拾好自己的东西，我已经教育过妹妹了。"听完后，儿子并没有接我的话。事后我意识到自己处理得并不妥当，明显偏向女儿了，不应该当场先指责哥哥没有收好自己的卷子，更恰当的处理方式是：先批评妹妹做得不对，当场安抚有情绪的那一个，再告知两人需要各负其责。

作为新晋的二胎妈妈，自从女儿出生，我难免有不理智或者感情用事的时候，如何处理老大和老二的关系，如何能让他们两个都感受到平等的爱，确实是一个应该认真对待的问题。我原本并没想过厚此薄彼，实际的行为却又是偏颇的，最终的结果也不尽人意，看来育儿这件事，真的是活到老学到老啊！

婆媳之间

对于儿媳妇这个身份，我总是感到很被动，也很难为情。我没有公公，只有婆婆，儿媳妇就只是我在程教官妈妈面前的身份。在我的记忆里，我母亲和奶奶的交集很少，又不共处一室，我和弟弟倒是常去奶奶家，跟奶奶很亲近。所以如何做好一个儿媳妇，我并没有现成的经验去学。

除此之外，传说中的婆媳关系不好处，对我影响也挺大的，从一开始，我对婆婆就敬而远之。这倒不是因为她反对我们结婚，在这件事上我反而可以理解她，甚至认为她做得也对，也有道理。但是，仅仅因为结婚，她便成了我的重要亲属，而且在婚礼上，我必须改口叫她"妈"……我是因为她的儿子而不得不认识她，不得不和她交集，这就是我觉得被动的原因。

她一开始的身份就是长辈。虽然在整个家庭系统里，她属于家庭成员中重要的一个，却不是我们新建立的小家庭成员。界限感是一个显而易见的问题。刚结婚的夫妻之间尚且需要磨合，突然又多了这层关系，这对我来说确实是一个巨大的考验。不仅如此，一对新婚夫妻刚刚脱离自己的原生家庭组建了一个新的小家庭，便要共同承担起赡养双方父母的责任，这对我们来说又是个考验。虽然赡养的形式多种多样，但是夫妻之间能达成一致才是最重要的。

我知道儿媳妇和婆婆好好相处的目的，就是为了自己的小家庭和谐美满。但是好的关系从来都是双方共同努力才能建立和维系的，我相信每位婆婆也一定希望自己的儿子幸福美满，在这一点上，儿媳妇和婆婆的目标其实是一致的，剩下的就是如何相处的问题了。

我也有儿子，他也正在慢慢长大，我未来也会当婆婆，也要去面对他带同来的儿媳妇，所以我现在也在重新思考如何去做一个好儿媳，同时也在想象和期待自己变成一位好婆婆。

我现在会跟儿子说："你长大了，成家了，妈妈不会跟你住在一套房子里面，但有可能会住在离你比较近的小区。你有了自己的小家庭，要好好经营自己的小家，有什么需要妈妈帮忙的，尽管说。妈妈有时候也会需要你，也会叫你过来帮忙。我们虽然是最亲的人，但各自都有自己的生活，我们应该是既独立又互相牵挂的。"我说的这些，不知道他能明白多少。

我也有女儿，相信她也会在未来的某一天成为新娘，成为别人的儿媳妇，她会和婆婆怎么相处呢？我希望自己有些经验可以传给她。

有一点可以肯定的是，无论什么时候，我都希望自己是独立、有尊严地活着。

　　现在我的父亲母亲是跟弟弟、弟媳妇住在一起的，他们的孩子小，一个上小学，一个才四个月大，很大程度上需要两位老人的帮助。偶尔有不顺心的事，母亲会打电话告诉我。我也经常劝她，那是弟弟小家的事情，应该让他们俩自己处理，不用过于担心，也不用管太多，我甚至建议她搬到我买的房子里去住，最好跟弟弟一家分开住。可能是推己及人吧，我没有盲目地站在母亲这一边。

　　其实我也在思考，父亲母亲为什么非要跟弟弟住在一起，弟弟真的需要他们去做饭吗？他们真的是放不下自己的儿子吗？弟弟因工作忙碌心情会烦躁，有时候会发脾气，甚至因为些小事和弟媳妇吵两句。父亲母亲面对这种场面时，难道不会伤心难过吗？可是，他们想去帮助他，尽量多替弟弟做些家务，减少小两口的冲突，在他们看来这是对弟弟的疼爱。

　　四十不惑，我也开始思考，自己未来也要步入老年，我要做些什么准备呢？最好自己在年轻的时候能够攒下一笔养老的钱，有自己的房子，身体健康，生活自理，不给孩子们添麻烦，也不去掺和孩子们的生活，最好自己有自己要做的事情。真到老了，到了走不动、干不动活的那一天，可能就需要孩子们多照顾了。他们如果真的顾不上呢？或者另一半不愿意呢？我也不想牵扯他们太多的精力，去养老院吗？我还没想好。但是无论什么时候，我都希望自己是独立、有尊严地活着。

第十三章
认知突破

好的关系从来都是双方共同经营的结果，我需要做的，就是对自己负责，承担自己该承担的部分，该他人承担的归于他人。不纠缠，不强求，拒绝内耗，无须苛责。

如何与自己相处

回顾我前些年的人生路，离开家，回家，再离开，再回家……直到有了自己的家。一次次的分离，一次次的联结。

我存在于各种关系之中，我想每个人都是这样的。前些年，我努力地活成自己想要的样子，我的目标、方向、价值观，都没有问题，我对我的人生，也有着足够的掌控感，有许多令自己感到骄傲的成绩。我好强上进，不懈追求，永怀希望，不惧困难，不允许自己犯错误，不允许自己找借口，高度自律。后些年，在变化的关系中，我因为自己长期积累下来的问题（包括那些积蓄已久、无处宣泄的消极情绪）和矛盾一直没有得到解决，导致自己内心冲突越来越大，甚至一度陷入混乱与迷失。终于有那么一个契机，给了我自我觉察的机会，在关系中照见自己，这是我人生中最重要的一堂课。

搞清楚自己，也许是我们终身都在探究的课题。我是谁？我将去向何方，又将归于何处？我的角色、定位、价值，我的人生

▲在青岛平度大泽山某小学演讲

支点，我的家庭、工作、梦想，我的丈夫、孩子、父母……我需要一个个捋清楚，一件件想明白。

我是谁？我是那个无忧无虑地奔跑在田野里的小女孩，是那个经历生死、劫后重生的高中生，是那个辗转南北、咬牙支撑的川妹子，是那个渴望读书、实现梦想的大学生，是那个身受眷顾、留校任教的老师，是那个踌躇满志、创业未竟的书画家，是那个害怕无知、不断探索的学习者……而在各种关系之外，我是我人生的唯一实践者，是那个独立存在的唯一内核。

学会和自己相处，要不断地追问自己。

我想要一个什么样的自己？

一个心智成熟、情绪稳定的自己；一个能得到爱，也能给予爱的自己；一个有工作、有追求、有梦想、有尊严的自己。

我究竟想要什么样的生活？

家庭圆满，关系和谐，儿女健康。

我的负面情绪主要来自哪里？

来自对自己和家人要求太高；来自自我角色的缺失与错位；来自精神和物质不对等造成的心理失衡；来自新旧思想的冲突与碰撞。除此之外，应该还有许多自己从未意识到的问题。

与自己相处中，最困难的一环就是面对自我的那些"黑洞"——那些让人恐惧、慌乱，甚至不敢直视的"黑洞"。这也许是上天在造人的时候，留下的无法掩埋的残渣，或者污垢。我想，每个人都有这样的"黑洞"，但不是每个人都敢于面对它们。还好，我具备这样的勇气。

我用了大概三个月的时间，才敢于真正地面对和直视它们，这其中有惶恐有徘徊，我承认自己并不是自以为的那样优秀，我接纳了自己的平凡和庸俗，允许自己力所不能及。我确认我就是芸芸众生中一个平凡的女人。

当我把自己放在地上、放进尘埃里的那一刻，那些焦虑、不甘、自卑都开始远离，曾经包裹在身上的厚厚的盔甲也就土崩瓦解了，我感觉到了从未有过的轻松与自如。这让我的内在角色与外在角色达成了统一。

至于那些"黑洞"，我决定一点点地去修补。尽管用自己的"刀"，"削"自己的缺陷有点儿难，但我是尚秋，我有何惧？

我能做到这些，我想，可能也要感谢我以往的经历。我敬畏生命，认为生命的伟大之处就在于它的坚韧，而女性在韧性方面有着得天独厚的优势。刚柔并济，勇气可嘉，说的就是我吧。

在我失去双臂之后，我曾经花费了大量的时间和精力来适应没有手臂的生活。我曾经试图用嘴和脚代替手臂，功能要和常人无异。这样的结果搞得我身心俱疲，效果也不理想。最终，我意识到，我无法改变自己的身体状况，嘴和脚就是嘴和脚，不是手臂，不能完全替代手臂，所以我选择了接受。

接受现实，就是对部分难以完成的事情不再拥有执念，转而把时间和精力投入自己能够做到的其他事情上。比如，我迅速学会了用嘴和脚来操作电脑和手机，这让我的工作和生活有了极大改善，同时带来的成就感也让我身心愉悦。从整体上看，我获得的比我放弃的要更多。我的经历让我深深地体会到，正确客观地审视当下具备的条件，接纳自己的短板，尝试换一种思路，换一个视角，也许会找到一些新的机会和可能性，从而让自己更加从容地应对生活中的挑战。

所以，正视—接纳—被允许，不再逃避，就是一切向好的开始。

如何与他人相处

与他人的相处，是建立在能跟自己相处好的基础之上的。当我真正接纳了自己，我用同样的方法，开始接纳周围人的缺陷与不足。这里，我主要想聊一聊如何与伴侣及其家人相处的话题。

程教官给予我的一切，赤诚的爱恋、顽强的争取、坚定的支持，令我珍惜。至于家庭的压力、母亲的控制、婆媳的矛盾，那是他要面对的课题，需要他自己去梳理和解决。

我与他走进婚姻、共同经营家庭的这十几年，为何矛盾频发、苦不堪言？说起来，他和我一样，都带着各自原生家庭的相处模式，所以从根本上来说，这个矛盾是我们两个来自不同家庭背景下形成的不同认知模式和行为习惯的冲突。

回想程教官和我一起创业的时候，除了协助我之外，有时间就玩电脑游戏、去工地找小工吃饭喝酒，也不想办法让自己经济独立，只想着照顾好我就万事大吉了，一个男人为什么会这样，我搞不懂。

我找他谈过，让他看清楚他的处境，上有老下有小，他怎么可以这么"淡定"？每次他都能找到各种理由。我想起我的母亲，也有十年时间主要是照顾我的生活，但她并不闲着。在大学里，她除了收废书废报、捡矿泉水瓶以外，还总是到附近的玩具加工坊领回来很多的手工活熬夜地干，一分一毛地攒钱。母亲用勤奋换来了额外的收入，她用这些钱给我们买衣服和好吃的。看到她满足、自信又灿烂的微笑，我们都为她感到骄傲。

也许是因为有了对比，所以我更难接受程教官作为一个青壮年男子，一个本该成为家庭顶梁柱的人，竟有这样置身事外的生活态度。

我也曾看过很多电视剧，在母子关系过于亲密、长期处于共生模式的家庭中，儿子婚后的婆媳战争往往惊天动地。这并不是影视作品的刻意放大，而是因为，有些母亲在培养孩子的过程中，不但不懂得一个人的心理发展必须要经过与母亲的分离，才能长成一个具有独立人格的人，反而会

▲一家四口

因为害怕失去儿子，而夸大儿子对自己的需要，实质是强化了对儿子的控制，甚至会和儿媳"争抢"儿子或孙子。

在程教官的原生家庭里，父亲角色缺失，母亲自然把他当成了所有的寄托，不与他分离。母亲认为儿子的一切都是她的，儿子任何的人生决策，都需要她来做，她竭尽全力为儿子撑起一把伞，她就是儿子的天，所以，程教官并没有完全实现人格的独立。而他的母亲之所以不愿与他分离，是因为这样的生活方式源于她早些年的生活经验，况且养儿防老，她已为此艰辛地经营了几十年。传统的家庭模式和观念在她心中根深蒂固，她早已跟不上现代文明的步伐。如果老人明事理，能沟通，那问题还不大。如果老人不愿退出，对新建立的小家庭各种干预，甚至道德绑架、以死相逼的话，家庭关系一定会因为失去平衡而变得混乱不堪。

自从我明白程教官与他母亲的这种特殊相处模式，以及他们的思想观念，我开始在生活中尽量保持独立，谢绝他母亲帮我做任何事情。我把自己归位于一个身体正常的儿媳，用言行确立彼此之间的界限。婆婆很快也明白过来，不再有越界行为。最终我们相安无事，和平共处。

我们尊重婚姻，就意味着尊重另一半，他（她）毕竟是因为你，才刚刚认识了你的父母。我们何不换位思考，将心比心呢？

幸运的是，我与程教官在职场中解绑之后，他有了一份收入不算高但很稳定的工作，实现了经济独立。经营家庭从来都是夫妻双方共同的责任与义务，我和他都义不容辞。

尺有所短，寸有所长。在与他人的交往中，我们都会权衡利弊，做价值的取舍，但常常意识不到的是，我们很容易全盘接受他人对我们有益的部分，并认为这是理所当然的，却拒绝接受因此同时带来的问题。自我的内心不平衡，往往就来自这样的拒绝。如何解决呢？

事实上，选择权永远都在自己手里，是放弃还是接纳？我经过全面的分析，确定自己想要的是一个完整的家庭，所以，我选择接纳。接纳就意味着接纳他的全部，接纳他带来的所有对我有益的和无益的，并把这些都归为一个整体，瑕不掩瑜，接纳他母亲与他的共生。

想通了，做了这个决定以后，我也没有消极地接纳就算了，而是积极地学习，不断地成长和调整，逐渐具备了处理这些问题的能力。当一个人能处理好家庭关系之后，相信其他关系就都很简单了。

好的关系从来都是双方共同经营的结果。我需要做的，就是对自己负责，承担自己该承担的部分，该他人承担的归于他人。不纠缠，不强求，拒绝内耗，无须苛责。

至此，我觉得如何与他人相处这堂课，我已经通过考试了，就像又过了一关，有一种版本升级的感觉。我应该给自己头上戴一顶大大的加冕冠。

个体与原生家庭的分离

两个人相爱、结婚，组建了一个新家庭，这个新家庭应该优先于夫妻二人的原生家庭。只有伴侣两个人都从他们的原生家庭中分离出来后，彼此的关系才会更加健康、稳固。

我有儿子，也有女儿，当然不想让他们重走错误的老路。我开始注意儿女独立能力的培养，注意平时与他们之间的互动方式，时时刻刻检查自己的言行，以便在合适的阶段帮助孩子完成与原生家庭的分离。我把自己在这方面的心得分享一下。

一是不对孩子说"你不行""你做不好"之类的话。

消极反馈会减少孩子探索世界的动力。

当孩子想尝试或探索一些事情的时候，不要用"你不行"这样的语言恐吓孩子，这是一句极其打击自信心的心理暗示。经常说"你不行"的家长，潜意识里表达的是"我行，你不行""我比你好，比你强大"，所以，"我来替你做"。

无论孩子做什么，做得好不好，首先点评或者脱口而出的是不好的一面，仿佛永远看不到好的一面，"你搞砸了吧""你怎么撒得满地都是"……这些家长永远没有正向反馈，目的还是想表达"你做不好，只有我才做得好""你离了我，你无法生存"。不断被父母否定的孩子，长大后会成为什么样子，后果不言而喻。

二是不道德绑架孩子。

"我为了你，放弃了……""我为了你，拼命工作，吃了多少苦""我多么不容易，你要是不……，你都对不起我"，经常说这种话的家长，目的还是在表达"我为你付出了，你就必须回报我"。当一个孩子长期处于这样的沟通模式中，他只会不断地增加愧疚感，导致自己内心压抑，最终出现心理问题。

你知道吗？我们的有些语言和行为的含义可能自己都没意识到，是从潜意识里流出来的，不受意识控制。潜意识是精神分析学派的基本概念。弗洛伊德认为潜意识包括各种原始的冲动、本能、欲望、性欲，是心理活动的基本动力，它决定人的全部生活，是人的动机、意图等的源泉。所以我们要经常自我觉察，矫正潜意识中的错误观念。

正常情况下，我们每个人的一生，至少要经历两次与原生家庭的分离。

第一次是结婚，我们在组建好自己的小家庭并成为父母后，便要自主经营，自负盈亏。第二次是看见原生家庭带给自己的，在新的关系模式中行不通的那部分，然后做出调整。比如，我在很长一段时间内都无法接受与婆婆住在一起，是因为我从小没有和奶奶住在一起过，没有经历过这样的家庭模式。刚结婚时，我以为作为家庭里的女人，就应该像我母亲那样做女主人，事事张罗，事事安排周全。实际上，我和我母亲的处境并不一样。直接将原生家庭的观念照搬到小家庭的我，没想到处处碰壁，甚至让自己陷入了困境。亲情虽不容割裂，但人要学会长大，新的家庭需要健康成长，因为它将影响到下一代对关系的认知，以及与他人的相处模式。最终我建立了一套适合自己的新的家庭关系模式，形成了自己的家庭关系理念，才完成了第二次与原生家庭的分离。

当然，我这里说的分离，并不是指形式上的隔离、远离，甚至完全断绝关系，而是夫妻二人在顾及双方的感受和观念上，从各自的原生家庭中分离出来，建立新家庭的新秩序。这种新秩序是两人通过自我觉察以及对新关系的清晰认知，权衡利弊后达成的共识。至此，和谐的家庭关系才得以真正诞生。

如何与孩子相处

与孩子如何相处这个话题，离不开对家庭、对母亲的探讨。家对一个人的意义是什么呢？家不仅仅是一个物理空间，也是情感的依托、生活的中心和精神的起点，是心理疗愈的能量场。母亲作为家庭的建立者之一，她的重要性不言而喻。现在才意识到这一点，我承认稍微有点儿晚了。

在我的原生家庭里，我就深有体会。乐观坚强的母亲，温情有爱的氛围，竭尽全力的支持，使受到重创的我得到了包容和接纳，因为有家人的爱与陪伴，我才得以安稳地在家停留、思考、疗愈自我，有了母亲和家人的支持，我才有了克服困难、重塑自我的力量。假如我换一位母亲，换一个家庭，受伤之后得到的不是完全接纳，而是一味地指责或嫌弃，那我的处境会是什么样的呢？我甚至不确定自己还能不能活到现在。

所以，作为家庭的建立者之一，我思考了很久。

一个普通家庭的父母应该如何对待自己的孩子，给他们提供一个什么样的环境呢？一个母亲应该给予孩子的最重要的是什么？

如今社会飞速发展，生存形势严峻，作为父母，一定是担心孩子未来发展的，不愿看到孩子吃苦受累，更害怕孩子将来不如自己。或许就在这种望子成龙、望女成凤的心态的影响下，在我们身边出现了五花八门的育儿模式。我在这里不讨论种种社会现象，就单纯拿学习来讲。我们知道每个孩子的天赋不同，会读书只是其中的一种，自然不是每个孩子都能成为学霸考上名校的，那其他的孩子怎么办，难道就不配快乐地活着吗？

现在孩子的学习压力，以及学业结束后面临的社会竞争，比我们那个年代要大得多，所以很多家长恐慌、焦虑，甚至替代学校老师的角色，站在社会的角度来鞭策孩子，把父亲母亲的角色搞丢了。想一想，如果我们的孩子身边只有说教者、监督者，这样的生活该是多么令人窒息？很惭愧，曾经我也是那样的角色，直到儿子学习出现了问题我才觉醒，直到想明白我的原生家庭带给了我克服困难的勇气时我才恍然大悟。是的，我应该立即回归母亲的位置与角色！

▲大男生和小闺蜜

首先，无条件地爱孩子。不要说"考了高分给你买糖吃，奖励你一百块钱""学习好我就更爱你"之类的话。而是说："无论你是什么样子，妈妈都爱你！"接纳孩子的不完美。

其次，允许并尊重孩子成为他自己。不要武断地替孩子做决定，而是尊重孩子的选择和意见，允许孩子犯错误，再给予他恰当的引导。

最后，量力而行做孩子的后盾。在孩子成长的路上当好陪跑，给予他最好的支持，并且一直都在。

我也要为我的孩子们建立一个温情有爱的家，一个包容、接纳、永不嫌弃他们的家，一个无论他们在外遇到多大创伤和挫折都可以回来疗伤的家。如果他没有我期待的那么优秀，我也会接纳他成为他自己。我相信世界上总有那么一个矮树枝，是给短翅膀的小鸟准备的，让它去看自己的风景。

关于我的孩子们，我认为身心健康、有情有义，比考高分更重要；生活独立、人格健全、心智成熟，比多才多艺更重要；不怕困难、适应社会、乐观上进，比获奖更重要。只要孩子们具备了这些品质，未来再难，我也不替他们担心。现在，我相信孩子，如同相信自己。

想清楚这些，我决定，给孩子和自己一些时间，耐心地，一步一步地，陪他们一起成长。

鞋上的星星

在生若菩时，我的育儿理念比之前更完整更成熟了，我也探索到了几个育儿妙招。

一是鼓励探索。

女儿在一岁的时候学会了走路，她总是迈着摇摇晃晃的步伐四处探索，我并不阻止和限制她，反而鼓励她在探索中发现生活的乐趣。她打翻了玩具，弄坏了东西，我从来不会对她发火，而是很平静地告诉她，砸坏了没有关系，我们一起把它收起来，然后她很快就把玩具捡起来了。

二是有足够的耐心。

那时候她还不能完全控制小便，想尿的时候蹲下就尿了。我指着地上的一摊水问她："这是什么呀？"她那时刚学会了单个字，很认真地说："是尿、尿。"我说："是不是你尿的呀？"她看着我点点头。我说："我们尿尿应该上哪里尿啊？"她指着厕所说："那儿，那儿。"我说："哦，那你下一次记得上那儿去尿哟。"然后她再点点头。

三是传递快乐。

我们一起听音乐，一起玩游戏，一起感知身边的各种新奇和美好，让快乐的情绪互相感染。高兴的时候，我会用腿把她夹紧，就像是一双手臂紧紧地搂着她。我也带她去串门，去找别的小朋友玩，去我的姐妹家里玩。姐妹给她剥的香蕉，她总是拿过来让我先咬一口，这一口对我来说就是无边的幸福。

四是正向反馈。

做对了事情，我会及时地夸奖她，她总是瞪着一双明亮的小眼睛看着我，点点头，笑起来阳光明媚。女儿性格开朗，嘴也甜，见到长辈和哥哥姐姐都会主动打招呼，别人也会给她正向的反馈。有一次，一个十几岁的小姑娘迎面走过来，女儿主动叫姐姐好，小姐姐对她笑，又转身回来给女儿买了一根棒棒糖。她很开心，在这样的反馈当中，感受到了热情的乐趣和陌生人的善意。还有一次，我给她买了一双闪闪发亮的凉鞋，鞋面上贴了很多假钻石，像一簇星星，她穿着出去玩儿，别提多开心了！她还摘下鞋面上的假钻石送给和她一起玩的小朋友。我问她："星星摘下来之后你的鞋还能好看吗？"她伸着脚面说："妈妈你看，我还有好多呢！"我说："哇，跟别人分享，你也很快乐对吗？"她用力点点头。此时，我看到的是一个内心富足的小女孩，这种富足应该是源于满满的从不缺失的爱。我感到很欣慰，从出生到现在，我一刻都没离开过她，不就是为了给到她充足的爱和安全感吗？是的，她得到了，我也做到了。

这几点改进的结果是显而易见的。女儿两岁半的时候，我要去参加

▲三岁的程若菩

192

运动会，就把她提前送进了幼儿园的小托班。她表现得很优秀，没有一次哭闹。在她三岁生日那天晚上，我俩躺在床上，我问她："菩儿长大了以后要做什么呀？"她思考了几秒钟，很认真很认真的样子，跟我说："妈妈，我长大了要出去打怪兽，然后回来给你做饭！"这句话确实是她未来某一个阶段的真实写照。她要去工作，打拼她的事业，然后还要回家照顾我。她在三岁的时候就能明白这些，这深深地感动了我。

五 二次生长

清醒地取舍，有效地努力。

第十四章
职业之路

> 我没有因为身体状况，就把经济独立的责任寄托在任何人身上。

我的职业

我做过的职业很多，曾为了谋生而四处奔忙。

由于身体的特殊性，刚失去双臂的那几年我只能随波逐流，没想过对自己做清晰的职业规划。我最早是赶集卖对联，然后是在大街上和公园里卖艺，再到艺术团演出，都只是为了生存、自立。自立是一个成年人能活下去的基本条件。这个过程很艰辛，但那是我必须要走完的路。

上了大学之后，我才开始真正思考职业这个概念。对我来说，一份工作不只是生存的保障，还是一个社会身份的证明。幸运的是，我所有的努力都有了回报，毕业后我留在黄海学院做了一名大学老师。兜兜转转这么多年，我终于有了一份让自己引以为荣的职业。

我没有因为身体状况，就把经济独立的责任寄托在任何人身上。可能真的是为母则刚，我又鼓起当初重生的勇气，利用业余时间尝试其他工作——演讲者、艺术家、书法老师、运动员。至于拍卖字画、开办书院、策划和承办文化活动，再到电商创业、直播带货，这些尝试虽然给我们带来了经济上的改善，但我终究觉得这些都不是自己毕生所求。我想如果人生只有一条主线，我愿意始终走在师者这条路上。

书法家

书法家是我的第一个职业标签。回顾自己漫长的书法之路，我经历了这样三个阶段。

第一个阶段，为了证明自己还有用。刚接受失去双臂这个事实的时候，我是迷茫的，面对那个我一无所知的未来，我必须跨越一道鸿沟——没了胳膊，我还能干什么？而恰好这个时候我接触到了书法，见到了和我一样失去双臂的胡老师，我来不及考虑喜不喜欢、擅不擅长，衔起笔来就开始练。当第一个像样的字写出来以后，我得到的答案是"我可以写字"。

第二个阶段，为了生存。无论当下还是未来，生存总是第一位的。从某种角度上来说，家庭的贫穷也是我走向自立的动力。练字之余，我开始渴望自立，期望能养活自己，不想成为家人的负

▲书法作品

担，书法便顺理成章地成了我赖以生存的技能。无论是卖春联、卖艺还是拍卖，都是以展示我与众不同的书写方式为主要卖点。在这个阶段，我靠这种方式实现了养活自己的愿望。

第三个阶段，我有了更高的精神追求。温饱得以解决之后，我自然对精神生活有了更高的追求。我开始自学书法美学、书法理论知识，从书写中获得愉悦和成就感。或许是人的成熟，或许是闲情带来了雅致，也或许是熟能生巧……随着学习的深入，我对书法的理解有了质的飞跃，开始以艺术家的标准来要求自己。我这个时候的作品，开始得到了书法界的认可，也收获了各种奖项。我的书法不再是以书写方式取胜，而是书法作品本身的价值。"口书画家"渐渐成了我的名片。及至后来，我也会经常创作一些国画小品。

▲国画小品

我不知道自己有没有天赋，我只知道破釜沉舟、背水一战。口书的方式需要用牙咬着笔杆儿，用舌头转动，同时还要弯腰"挥"动脖子……但是随着年龄的增长，书写这件事变得不再那么愉悦身心，而是成了一份需要透支体

198

力，甚至会损坏身体器官的苦差事。也许有一天体力不济，我不能再写字了，但是现在，书法仍旧是我精神上的一座高山。我凭借自己的勇气一步一步地攀登这座高山，这个过程让我积蓄了足够的自信，也为我注入了做任何事情都勇于尝试的内在力量。

大学老师

大学老师是一份能让我安身立命的职业。成为一名老师是我儿时的梦想，但是我从未奢望成为一名大学老师。没想到失去了双臂，命运在这上面馈赠给我的比我想的还多。

我至今在青岛黄海学院做心理健康老师十九年了，在这期间我不断地学习和研究心理学方面的知识，尽自己所能地帮助我的学生们。由于还兼职学校的心理咨询师，见证了这十几年来学生心理问题的变化，我心疼和惋惜每一个四肢健全、风华正茂却被心理问题困扰的年轻孩子，这样那样的心理问题影响了他们的正常生活和学习，让青春的脸庞黯然失色。

作为咨询师，我有时候是很无力的，因为被心理问题困扰的孩子实在太多，而咨询和干预往往是一对一的方式，无法兼顾更多孩子。于是我和同事们就尝试多开展一些与心理健康有关的课程，希望能从群体的层面尽快帮助更多的人。我常问自己，孩子们的问题有没有共性？往前梳理，心理问题的出现或多或少地都和孩子的成长史有关。每一个孩子的背后都是一个家庭，甚至几个家庭、几代家长的养育，那么谁在家庭教育中起到举足轻重的作用，并对孩子的一生影响深远呢？答案是，母亲。可是，谁来教女性怎么做母亲？我们的家庭教育、女性教育又在哪里？我自己就是女性，也是母亲，我的经历让我更加清楚，女性不仅需要个人成长，更需承担构建和谐家庭、养育子女等多方面的责任。这并不是说不需要男性或者男性不重要，而是我们女性需要站在女性角度去理解和思考这些问题。

基于这样的思考，我们开设了女性课堂，讲女性心理、女性价值（包括角色定位、职业规划、生涯规划）、两性教育以及家庭教育（包括亲子关系）等。我们期待能从源头上解决孩子的心理问题，防患于未然，让更多身心健康、人格健全的女性活跃在社会中。每年社会上也有一些家长带着孩子慕名来找我，初高中孩子学业压力大，容易出现厌学、焦虑、抑郁等问题。而每一个问题孩子的背后，一定有家庭养育过程中的疏忽、失误，所以如果家长提高重视，或许就能避免问题的出现。这些都给我的心理健康工作提出了要求和确立了方向，未来，我将会和我的导师、同事以及家长们共同去探索，作为一个女性，她如何在生命全过程中实现健康、积极的心理

▲为大学生做心理辅导

成长。只有自己成长了，才能解决自己的困惑，才能带动孩子和家庭成长。

2021 年，我加入了青岛宏文学校。这是一所国际学校，学校的学生们在毕业后往往都会去欧美等西方国家的高校就读。这让我能够从国际化的视角重新观察和思考孩子们的心理需求，对我而言是一个新的挑战。

期待我的工作能让更多身心健康、人格健全的女性和她们的孩子们活跃在社会的各个领域和地区。

去比赛，做自己的冠军

做运动员的经历挺偶然的。

青岛黄海学院的跆拳道体育馆承办过几届亚洲青少年跆拳道比赛，我是学校的老师，可以免费带着家人观看比赛。几场比赛看下来，全家人都很感兴趣，军人出身的程教官对此更是热衷，每次都会声情并茂地给我们讲解一番。我也是越看越觉得有意思，甚至冒出过想比画一下的念头。这种想比画一下的感觉，就是我前面提到的，由于书法的成功带给我的做任何事情都勇于尝试的内在力量。

也许冥冥之中注定有这样的一段经历吧。青岛市残疾人联合会的书画展厅在青岛市残疾人体育中心的二楼，我经常去那里参加书画活动，体育中心的工作人员也常来参观，慢慢地彼此熟悉起来。一天，体育中心的小舟科长给我打电话，问我想不想参加全国的跆拳道比赛，说我这个身高和体重参加某个级别应该很有优势。可能是刚看完跆拳道比赛，三十七岁的我脑袋一热就答应了。

从零开始练跆拳道，第一步是锻炼体能。那段时间我每天早上五点都会在学校操场跑步，从一圈都跑不下来到一口气能跑五圈，我只用了两个星期。这期间，我成功地克服了自己种种的抵触情绪和退缩思想。

为了能把腿踢得高一点儿，我开始练习压腿、拉筋。因为我的个子矮小，身高才一米五五，体重才四十二公斤，腿踢不起来，就打不到靶点，得不到分。教练帮我压腿，每次我都痛得惨叫。还要锻炼各种速度，包括腿部的反应速度、进攻和防御的速度，要练到形成肌肉记忆，形成条件反射。我每天的训练，上来就是一百个高抬腿，还要加快速度的那种，然后继续左右快速踢腿、

▲ 赛前训练

快速踢靶的训练。这个过程真是苦不堪言，无法坚持的时候，我就自己跟自己较劲。

最残酷的是模拟比赛，模拟比赛是把平时练的对抗和防御在实战中应用。虽然面对的是自己的队友，也要毫不留情地把他想象成对手。

因为双上肢高位截肢，导致我上身光秃秃的没有一点儿可以遮挡，无法防御对方踢到自己，而且对身体的平衡能力也是一个很大的考验。记得我和队友进行模拟比赛的时候，由于体重偏轻，我被队友一脚踹到线外，趴在地上半天起不来。甚至有的队友直接不敢和我对练，原因是我身体太软，说白了就是不经打，怕我受伤。那时的我，脚趾头、脚背、腰部经常是青一块紫一块的。但是，我却越练越勇，越练越不怕疼，而且求胜的欲望越来越强烈，我想我是勇敢的。

训练过程的艰辛好不容易坚持下来了，万万没想到的是，比赛的日期居然是女儿刚满月！

2019年，程教官抱着刚满月的女儿陪着我去天津参加比赛。女儿刚到天津就长了满脸满头的湿疹和热疹，孩子难受得整夜哭闹，程教官只好抱着孩子，整夜在房间里走来走去地哄。我也心疼得直哭，真想打退堂鼓了。除了孩子我还担心比赛，我怕用力过大撑开剖宫产刚愈合的刀口。领队和教练跟我商量，让我不用打，上场就扔白毛巾投降。可当我真站在赛场上，面对一个身体比我强壮、年龄比我小二十岁的对手时，我选择了进攻！在本能的驱使下，我摆好姿势，不断进攻，观众席

▲ 戴上了跆拳道奖牌

不断传来叫好声，对手硬生生地被我打得露出了畏惧之色。遗憾的是，我还是以一分之差输了比赛，而她就是那个最后成为冠军的选手。这一次，我获得了全国第十届残疾人运动会跆拳道竞技K42级49公斤级项目的季军。

自从失去双臂再爬起来，我对待生活就是这样的态度：无论我是否承担得起，只要站在了台上，我就从来没有退缩过。领奖的那一刻，我从心里为自己感到骄傲，我觉得我就是自己的冠军！

我前后参加了两届全国残疾人运动会，都是季军。作为跆拳道运动员，尤其是经历了全国级别的大赛，我更加相信残疾人也可以拥有健康的体魄、昂扬的斗志。我亲身体会到，体育比赛真正赛的是心态，是自己战胜自己的勇气。这大概就是竞技体育的魅力吧。

做公益，舒展灵魂

在赚到的钱能够维持基本生活需求之后，我开始思考生命的价值。活在人世间，我们追求幸福，是对自己一个人的交代；有益于他人，为社会创造价值，是对社会的交代。在我的成长过程中，我曾受到过很多人的关怀和帮助，现在我把这份善意再传递给别人，就是对自己和对社会的交代。

我最初与公益结缘是在2005年，那时候刚上大二，我已经在黄海学院做兼职老师。一次回高中母校伍隍中学演讲，得知有贫困生需要帮助，我立即拿出当时的所有积蓄两万元，全部捐给了母校的二十名高三贫困生。这一行为的确非常冲动，但是后来得知这二十名学生全部考上了大学，我的那种感觉无法言说，只有我这样亲身经历过的人才能深刻体会——我因为贫困辍过学，又因为贫困去打工，在打工时又失去了双臂……这样的公益行为于我而言有特殊的意义。

2017 年，我开始成为青岛红十字玫瑰基金的一个志愿者。该基金是由青岛女企业家、女创业者共建的女性社群——玫瑰联盟联合青岛市红十字会共同发起的一个女性慈善基金。在我创业的路上，联盟里优秀的企业家姐妹们曾给过我莫大的帮助。尚秋书院创立之初，我的项目入围玫瑰基金女性创业明星项目，不仅得到了资金支持，而且有好几位创业导师不遗余力地给我提供品牌设计、业务规划和持续的创业辅导。感激之情无以言表，我便暗下决心，将来一定努力回报社会。

我每一年都要参加至少两次公益拍卖，目前已经坚持了十五年。我把作品拍卖出去，将所得的善款全部捐给公益机构或者受助人，可以帮他们渡过难关。在 2017 年的玫瑰基金三八慈善会上，我做了五分钟的演讲，然后当着三百位与会者的面写下了"感恩慈悲"四个字。这幅字作为现场拍卖的第一件拍品，在爱心人士的竞拍下筹得了八万元善款。那一刻，我觉得生命因此而倍添荣耀，原来，我也可以用自身的力量为社会做点儿事。

2017 年，我通过玫瑰基金认识了临沂市平邑县的一个女孩，她那个时候正读高中二年级。由于家里唯一的亲人——她的爸爸去世了，给这个贫困的家庭带来了巨大灾难。女孩品学兼优，虽然家庭贫困，但是很努力、很懂事。爸爸的去世让她变成了名副其实的孤儿。她因此一蹶不振，感到像天塌了一样的无助和悲伤，根本无法坚持学习。玫瑰基金的玫瑰妈妈们想尽一切办法帮助她，钱不是问题，关键是如何帮助她从这种巨大的打击中走出来。作为玫瑰妈妈中的一员，我每个暑假都安排这个孩子到我家里来，以照顾我的名义住进我家，让她亲眼看到我是如何生活、如何面对困难的，然后引导她宣泄悲伤，梳理情绪，最终我用自己的真诚换来了她的敞开心扉。她把自己的心里话告诉了我，说到伤心处，我俩抱头痛哭。在我们的陪伴和启发下，她终于找回了希望，树立了信心，回到学校，考上了大学。

2023 年玫瑰基金陈晓虹理事长给我看了一段公益活动的视频，里面正是这个女孩，她刚刚毕业，就跟随宏文学校的志愿者一起回她的家乡小学做公益。面对教室里那些孩子，她侃侃而谈、自信得体，一身的阳光明媚。我顿时控制不住自己的情绪，泪水像断了线的珠子奔涌而出。我好高兴，好宽慰！我在她身上看到了自己，即使一次次被生活击倒，也没有轻言放弃，而是一次次地爬起来，浑身都充满了力量！

得到，再给予，让世界的爱流动起来，我想这就是公益的目的。公益不是简单的物质帮助，更是走进受助人的内心，给他精神的陪伴，给他尊严和勇气，用最真挚的情感陪他面对困难，走出困境。这让我找到了人生价值。

也有人质疑过我，说你自己现在生活都不宽裕，为什么要去做公益？

首先因为我是公益的受益者，因为大家无私地给予，才有了今天的我，我有责任和义务把爱心用接力棒传递下去。其次，我知道自己力量不足，但是聚沙成塔，我愿成为这公益之塔上的一粒沙，用实际行动发出倡议，让更多人加入公益事业当中，这样公益的力量才越来越强大。

现在，我是青岛红十字玫瑰基金的公益推广大使、青岛宏文学校有声社的爱心大使，也是玫瑰基金集爱书库项目青岛西海岸的负责人。集爱书库的公益项目旨在"让山区的孩子读好书"，倡议我们国内发达城市的中小学生把看过的、不再需要的课外书籍捐出来，由志愿者进行统一的收集、分类、打包，再运到四川、甘肃等偏远地区的乡村小学，供那里的孩子阅读。2023 年，集爱书库项目第一年落地西海岸，11 月份，志愿者们在各学校组织爱心倡议活动，收集了一万多本书，连同其他各区收来的十多万本，由玫瑰基金名誉理事长林志伟、理事长陈晓虹、副理事长王芳亲自带领支教团送往甘肃省陇南市。每一本书都带着青岛的温度，跨过遥远的山川，到了陇南孩子们的手里。我作为这次陇南行的一员，用三天时间为山区的中小学学校做了八场演讲。孩子们对我的喜爱和热情令我感动，虽身体疲惫，精神上却收获了巨大的成就感。

在一次采访中我被问到，我心里最合宜的那个位置找到了吗？

我不知道这算不算是我最好的位置，但是就现在而言，我对"榜样"这个标签是认同的。当周围人视我为榜样的时候，那是我在发挥价值，我愿以这样的榜样力量感染他人，同时也是对我自己的激励。既如此，我就妄自尊大以榜样自居吧。我清楚自己身体残疾，知识不够广博，事业也不够成功，但这些年做公益是我身心最愉悦最舒展的时候，我认为公益人是我生命里最闪耀最有价值的身份。

去创业，从尚秋书院到若菩花园

为了生存，人类能极大地开发自己的潜能。

我喜欢尝试不同的职业，总是想最大限度地提升自己的能量级。尝试也是自我认知的一部分，只有尝试之后才知道，我什么事情可以驾驭，可以尝试，什么事情做不了，坚决不能碰。体验过了，也就踏实了。一路探索过后，终于尘埃落定，我便回归自己的大本营，与之前不同的是，此时的我有了更多的笃定。

女儿的成长带给我很多灵感。与此同时，在长期参与公益的过程中，我越来越发现自身的力量太小。做公益不仅需要一颗爱心，还需要强大的经济支撑，而我和程教官只是工薪家庭，日常收入除去生活开支费用、孩子的学习费等所剩无几。所以我们需要继续未竟的创业梦，来提升赚钱的能力。

▲梦想中的若菩花园

如果说尚秋书院是自己一次没有准备好、没有规划好的创业尝试，那么，在规划若菩花园时我已经有了更多的经验和成熟的条件。

为什么要创立"若菩花园"这个品牌？"若菩花园"从何而来，又有何含义？

在我的脑海中，经常会出现这样一个画面：有这么一座小院，外面有一圈不高的篱笆，房子用石头砌成，房顶铺的是鱼鳞瓦，房前屋后山峦迭起，院内院外草木丰盛，一个胖嘟嘟的小女孩和一个帅气的小男孩坐在我们身边，一只慵懒的猫咪蜷缩在我们身旁……我确信，那个花园就是我想要的，因为只有在大自然里，我的身心灵才能得到最大的愉悦和舒展。我找人把这个场景画了下来，挂在墙上，每天都能看到。而这个花园就是我正在努力的目标。

所以我们把新的事业叫作若菩花园："若菩"是一场修行，一份对生命的觉察和探索；"花园"是一个理想，一种环保的生活方式。

品牌名称想好了，那我们要做什么样的产品呢？契机来自一款手工皂。2019 年做抖音时，程教官为我做的特殊的手工皂很受粉丝喜爱，这给我们带来了希望。这款手工皂是程教官针对我被电击后留下的伤疤制作的。刚结婚那几年，我全身有七处伤疤，由于电击的残留毒素，导致伤疤处经常红肿、发炎、瘙痒，多年来一直都没有得到彻底解决。2015年，程教官用九种中草药熬煮成汤，发酵后加入皂基，用好看的模具制成手工皂，供我和全家人使用。大概半年以后，我的伤疤那儿就没再红肿、瘙痒过，甚至到现在，肚子上那条横贯左右的疤痕也淡化了很多。

除了手工皂，若菩花园后来又推出了洗衣液、生活湿巾等清洁日用产品，基于这些年对各种产品的了解，若菩花园的定位是为年轻的妈妈群体选择守护家人健康的产品。若菩花园里也有我和程教官的故事，我们希望，未来的若菩花园，是一个可以共享的生活家园，也是母亲和孩子们共同的精神家园。

我的导师了解了我们的规划，有感而发为我们题了一副对联："若菩涵容利万物生长，花园静开散仁和芬芳。"实在是很符合我的愿望。

第十五章
人生由我

带着勇气前行，既跌宕起伏也波澜壮阔。我到达了今天的彼岸，虽然没有双臂，却感到无比的自由。

理想在，生命的信念便在

年少的我懵懂无知，一路在跌跌撞撞中成长，不曾想中途又遭遇横祸，被从死亡线上拉回了一条命。从那时起，我凭借着心底的一腔勇气一路向前，这一路，我经历了曲折与坎坷，也收获了鲜花与掌声。只不过我一直在匆忙赶路，顾不上回头望一眼。

现在已过不惑之年的我，回顾自己的前半生，感慨万千。这一路走来，我多希望有个高水平的人生导师，在我经历的各个关键期提点我啊。反问自己，驻足现在，望向未来，我是否有能力规划呢？

人生是个复杂的、动态的过程，但是在不确定的环境里，一定也有它的确定性。有些人就像无舵的船，用力但懵懂地活着，很多时候只是无效的消耗。所以，通过过往的经历，以及对自我的梳理，我开始思考如何规划未来的生活。这么做纵然未必能带我们驶向彼岸，但一定会让我们更接近那座生命的灯塔。灯塔在，理想在，生命的信念便在。

所以，我结合自己的成长经历和经验，期望能和大家一起，对未来的发展做一些梳理和探索。

自我的强大

认识世界难吗？不容易，但更难的是认识自己。不是因为没有理论支撑，也不是因为没有科学手段，而是因为我们的眼睛总是在看向外面，我们在生活中承担的是被关系定义的各种角色，脱离了外部的关系，那个"自我"就显得空洞茫然。而且，我们所呈现给这个世界的，往往是经过矫饰、希望别人看到的样子。为了让自己满意，我们甚至会向自己"撒谎"。

当"自己"不那么容易看见"自己"，或者内心其实拒绝被看清的时候，我们可以借助心理学方面的知识或方法来向内看。

有时候我们把"自我"挂在嘴边，只是表达自己追求个性化的意识倾向。心理学上讲的"自我"，则是完全不一样的概念。

众所周知，本我、自我、超我，来自西格蒙德·弗洛伊德提出的著名的人格结构理论。

弗洛伊德把人格动力结构分成三个部分：本我、自我和超我。本我是原始的"我"，指生来具有的无意识的本能和欲望，遵循享乐原则。自我是现实的"我"，指人的理性，是本我的原始欲望与生活现实之间的中介物，遵循现实原则。超我是理想的"我"，指良心和道德，遵循至善原则，监督自我来控制本我的无理要求和冲动。

也就是说，这三个"我"共同组成了完整的我，我们都是这样的三位一体。

为了更具象化，更便于借助这个理论展开思考，我们来举个例子：我工作了一天很辛苦，回到家，我的本我希望赶快休息，这时候女儿来找我希望我陪她玩，我的超我要求我要做个好妈妈，这时候本我和超我的需要出现了不一致，但又都是合理的需要，这就是心理冲突。谁来完成调和呢？当然是自我，它来审时度势，如果自我有能力处理，完成选择，就会付诸行动，内心冲突得以缓解。如果处理不了，又想休息又想当好妈妈，就会陷入纠结。如果自我持续无法解决这种冲突，可能会导致焦虑等心理问题的产生。此时只有理解本我、超我的需要都是自己的正常需要，自我才能在本我和超我之间找到平衡点。当本我的欲望与超我的道德规范冲突时，自我就会面临内心的压力，比如我拒绝陪女儿玩，就会内疚。这样我们就可以看到，自我的强大是多么重要，难道选择的结果只能是休息或者陪女儿玩二选一吗？当自我有了其他选项就意味着我们走出了黑白世界，走向了心理成熟。

寻找正向的外驱力

在追求财务自由、家庭稳定、亲情和谐之余，我们还需要朋友和自己的生活。很幸运的是，我在青岛玫瑰联盟结识了很多自带"引擎"的姐妹，有了她们的一路引领，一路陪伴，我的生活变得有趣而快乐。

我们在一起共享资源，交流情感，一起做公益，一起学习进步。这看似是休闲娱乐，其实是一种成长，汇聚了正能量，提高了凝聚力。

由此让我找到了三个正向的外驱力方法。

一是投身有意义的大项目。

马克·扎克伯格在哈佛大学的那次演讲中提到，为了保持社会的进步，我们肩负的挑战不仅仅是创造新的工作，更要刷新使命感的概念。我们这代人面临的挑战，不仅仅是发现自己的使命感，还要创造一个人人都能有使命感的世界。他谈了创造使命感的三种方式：和他人共同从事有意义的大项目；重新定义平等以便让每个人都有追求各自目标的自由；在全世界范围内建立起社群。其中，投身有意义的大项目对我而言很有实际帮助。什么是大项目呢？比如，如何在地球被摧毁之前阻止气候变化？如何治愈流行性的疾病？如何使不同地区的人享受教育的公平？

那么，如果我们的力量不够强大到发起组织一个比较大的项目，而且自身常常被无力感包围，对身边的小事都觉得力不从心，如何才能投身大事？于我而言，最简单的办法便是参与一个公益组织，以自己的方式，力所能及地投入到我们认为有意义的大事中。我在参与玫瑰基金组织的那些公益活动里找到了生活的意义。很多次，当我觉得空乏无力的时候，因着一份"被动"的责任，以及天生的慈悲心，我会自动地转换频道，收拾好心情，满怀热忱地投入到公益活动中，比如去山区学校给孩子们演讲，去看望身患两癌（粉红丝带项目关注的乳腺癌和宫颈癌）的姐妹。

集体公益里一定有点燃我的能量，因为那里的意义感和使命感显而易见。"为自己"的意义不明朗的时候，"为他人"会成为更大的意义的能量池。

二是与发光的人为伍。

都说人以群分，我们总是喜欢和同类人共处。然而现实中还有另一种社交惯性，就是我们会不自觉地靠近那些与自己互补的人，也就是俗话说的"缺什么补什么"。我有一位朋友，因为父亲极度重男轻女，幼时成长环境恶劣，导致她初中都没读完，没能完成学业是她毕生的遗憾。后来她通过自己打拼，事业已有小成，但依然会自动追寻那些有学识的老师。她像一块海绵，不断地吸收他们的思想，构建了完整的知识体系，反而比很多受过高等教育的人更渊博更厚重。

当我发觉自己动力不够的时候，我就会有意识地去靠近那些优秀的、能量满满的姐妹，他们总能及时地点燃我的自信，充实我头脑里的知识。与发光的人为伍，这一点并不难做到，可以自己去寻找。

三是找到监督者。

如果做不到自律，那就强迫性的他律。我在做个人战略的时候，学习到一个很简单但很容易被忽略的好方法，那就是，确立一个阶段性目标，制订一套能实现此目标的最低行动标准的计划，然后找到监督者。人人都有惰性，很多人都有拖延症，但是监督者的存在，会在很大程度上成为外在的"动力源"。这个监督者，应该是一个熟悉和了解自己的人，他比较讲原则，不轻易妥协。

有人会说，人家可能连自己的事都记不清楚，怎么会那么心甘情愿地做你的监督者？是的，越是自律的人越事务繁多，我建议采取一种共赢的方式，就是两个人互相提醒，互相监督。

给幸福加码

在走过了失去双臂的二十多年的人生路之后，我因为女儿的出生而得以短暂停歇了几年。通过从未间断的学习与思考，我从迷茫到清晰，从幼稚到成熟。如今，我已准备好，以全新的思想状态和行动方法，走好人生的下半场。

在我看来，家庭和个人的财务规划是我们人生下半场最重要的事。良好的财务规划不仅可以提高个人安全感，还是家庭稳定幸福的重要保障。想起曾经卖房开书院，倒信用卡做装修，不管一个月的收入是三千还是一万，我都是"月光族"。那个时候总是把原因归于自己挣得少。当时，我把所有的时间和精力都花在赚钱上，以至于绞尽脑汁、废寝忘食。在赚到钱以后，我开始尽情享受花钱的痛快，并认为这是理所当然。痛快之后呢？那些莫名的焦虑、恐慌和急躁的情绪又不知道从哪里冒出来了。就这样周而复始，让我疲惫不堪。

小时候母亲跟我说过"挣钱犹如针挑土，花钱犹如水推沙"，她教育我要节约用钱，却没有告诉我怎么计划用钱，怎么守住钱，以及用我们守住的钱做什么。在贫穷中长大的我，不曾经历"家有余粮"的经济状态，而在后期的学习中也没有涉及理财方面的知识，直到经历了组建新家庭和创业，我才开始向专业人士学习，开始阅读财务规划及理财方面的书籍，并积极地研究，期待财务规划尽快给家庭和自我带来改变。就这样行动了三个月之后，我们这个家庭有了一笔不小的积蓄。半年后，我们收获了富足的心态，感到喜悦而安稳。是的，效果非常明显。

为了培养孩子财务规划的意识，我让孩子们自己规划他们的零花钱。他们花钱超标了要给我们说明理由，要是有结余的话会有奖励。我希望这种意识会对他们以后的人生有积极的影响，而不是像我一样，挣到钱后不知道如何花，导致不必要的浪费和没有安全感的慌乱。

在这里我想跟大家分享一下家庭财务规划的步骤。

第一，填两份表格。一份是家庭资产负债表，一份是家庭收支表。盘点以家庭为单位的年收入、年支出、负债、现金资产、固定资产分别是多少，这有助于我们摸清家底，并以此为基础展开下一步的财务规划。

第二，以三个月为一个周期记录消费账单，做出流水表来。每一笔的消费内容都应该记录清楚。我做到第二个月就不想，或者说不敢去做第三个月了，因为那些开支的类目叫人不敢直视，有太多的消费项目是不必要的，这让我心态有点儿崩。但规划师对我说，必须做下去，要划掉那些不必要的开支，才能算出每月实际需要支出的金额，以此金额作为接下来日常开支设立预算的依据。这是非常重要的一个步骤。

第三，设立分账户。根据自己的需要设立一些不同的账户。根据家庭情况而定，每月的收入，留出之前预算好的每月日常开支的钱，其他剩余部分按比例存进各个计划好的账户。举个例子，我们家每年全家的保险费需要交三万元，所以我需要设立保险账户，并且每月将两千五百元存入保险账户。因为是年交，所以有十一个月我的保险账户都有钱，于是我可以把这个钱拿去买理财产品让它增值，而且每月追加两千五百元，这样一年结束，该交保险费的时候，我不但一次性交清没有压力，还能额外拿到一笔收益。

其他的还有家庭应急账户、孩子教育金账户等，我们可以根据实际的需要来设立。比如我们可以把六个月的家庭生活费攒出来，建立家庭应急账户。这个账户用于处理家庭紧急开支，应对失业风险等。如果有支取，事后立即补回，让它一直保持六个月生活费的金额不变。

第四，量入为出。根据家庭收入的现金总数来设定大额开支的标准，在遇到需要大额开支时要提前规划。比如我们家，五千元的支出被定为大额开支，需要提前至少一个月规划出这笔钱来，再也不是想花就花的随意支配。当然紧急情况除外。遇到紧急情况时，我们可以启用家庭应急账户。

第五，养一只下蛋的鹅。把每笔收入的百分之十存入一个单独的账户，等攒到一定金额之后用于理财。如果收入不允许，一天攒一元也可以，目的是感受积少成多的力量，养成攒钱的好习惯。

温馨提示。第一，提高财务规划的意识，是为了获得更好的生活。让每一分钱花在刀刃上，发挥出它的最大价值，有助于培养我们正确的金钱观和价值观。当然，我们也不能因此变得斤斤计较，抠门又吝啬。该花的还是要花，重点是花的有价值。第二，如果有闲置资金拿来理财，要把风险控制在自己能承担的范围之内，最好是选择稳健、保本的理财方式。选择信得过的理财顾问，而且钱一定要掌握在自己手中。第三，开源与节流同样重要。做好财务规划，增强家庭应对经济危机与风险的能力，让家庭幸福而稳定。

六　精神拼图

认知的进步，才是女人最大的底气。

第十六章
生命的馈赠

生命最大的馈赠不是泼天的富贵、位高权重，也不是名满天下、光芒万丈，而是笑看日出日落的心安。

经历的反观

剥夺之后，必有馈赠。前提是，我们努力过。

曾任青岛市奥帆委奥运分村部部长、某高新企业总经理，后又毅然放下身段认真创业的单靓，穿着宽大的棉袍，剃掉了头发，在2021年玫瑰联盟的跨年演讲会上，仍旧如往常一样气定神闲，娓娓道来。但是我能感觉出来，她和之前不一样了。不是因为她没有了标志性的灰白色短发，也不是因为棉袍里面藏着手术后的管子，而是在生病之后，她整个人变得从内到外的清透柔和。

她演讲的题目是《重建生活》，她分享了从发现患上乳腺癌到治疗前后的心理进展，以及重建生命节律的各种经验。她说，这次生病是生活给她的一次郑重提醒，告诉她生命的意义到底是什么，而她从这场病中得到的最大收获，就是重建世界观。

她是我敬佩的榜样之一，她的淡定、睿智和严谨，常常让我自惭形秽。面对打击，她能迅速进行自我觉察和整理，这是她的头脑、心性和认知水平决定的。而我在十七岁那年出事的时候，除了害怕，就是惶惶然一无所知。人生无常，假如我在现在的年纪再遇到打击，会不会进行这样的思考？我想应该会的，起码我知道，世界观才是生而为人的底层逻辑。

▲ 参加青岛 2023 年"粉红丝带，为爱奔跑"活动

在 2023 年 10 月份的"粉红丝带，为爱奔跑"的活动上，我带着黄海学院的学生们做志愿服务，看着单靓和其他朋友们一路潇洒地跑完全程，心里掠过一阵感动。那天，整个奥帆基地被参加活动的人染成粉红色，那是属于女人的，柔软而蓬勃的生命力。

对单靓来说，她受到了打击，也得到了馈赠，她的那一份馈赠是自我的觉醒和重建。那么，于我而言，生命的馈赠是什么呢？

心安之处

从十七岁的那个初秋开始，到现在已经二十多年，我用了十年时间与命运抗争，又用了十年时间与自己对话，才慢慢发现，生命最大的馈赠不是泼天的富贵、位高权重，也不是名满天下、光芒万丈，而是心安。

多少人家财万贯却妻离子散，多少人权势滔天却欲壑难填。如果不快乐、不安稳、不知足、不幸福，那么外在的一切都是浮云。在我看来，人生最重要的不是快乐，而是心安。无论是快乐、惊奇，还是悲伤、愤怒，这些都不是人生的常态，只是一种瞬间的情绪。

我是经历过生死的，体验过大悲大喜，有过卑微、绝望，也有过骄傲、憧憬。然而，要问我追求的是什么，那一定是心安。只有找回内心的平静，我们的世界才会安宁。一个人在感到从容平静时，更容易有智慧产生。

我们在这里所说的安宁，是源于内心有笃定的价值观和明确的目标，这能让我们在任何时候都有安全感。

记得有一次，我带若菩到一个朋友的崂山小院去参加诗会，她一进到那个院子就喊道："我好喜欢这里啊！"那语气显然有点儿表演式的夸张，但那儿确实是我们都向往的风景。那个院子正对着一群青山，去掉了南面的围墙，层峦叠嶂、长青苍翠便映入眼帘。我们坐在石头房的檐廊下，读着自己喜欢的文字，身旁的花朵在肆意绽放，甚是惬意。四岁的若菩小朋友积极加入大人的活动，她在蓝色的天空下、层层叠叠的青山前，落落大方地朗诵起了《咏鹅》和《静夜思》。

当晚，我们住了下来。第二天早上，我醒来后走出屋子，看到穿戴整齐的若菩已经坐在檐廊下的懒人沙发里。她一手托腮，眉头轻蹙，静静地看着山峦若有所思。我从来没见过她这么深沉，刚想打趣她，朋友出来笑着说："别打扰她思考人生。"

平常热闹得翻天覆地的孩子，忽然之间脑瓜子里就升起思考人生的小火苗了？也许是。我朋友说，在她六七岁的时候，没人顾得上她，她自己就拉着破凉席铺到河边大大的石头桌子上，躺在盛夏的夜空下，一个人静静地数星星，思考自己是那些星星中的哪一颗。在这个尘俗纷扰的世界，现在难得有这样的平静了，也许我们现在的智慧，已经赶不上那些和青山交流、和星星对话的孩童了。

庆幸的是，我感知到了内心的安宁。我在恐惧中实现了自救，在艰难中拼尽了全力，在动荡中重建了生活，接受了这一切之后，我终于在归于平静的日子里找到了心安之处。在宁静中思考，在深思中醒悟，在觉察后自持。如此，心定了，神静了，人也就安了。

要找到安宁，除了学会接纳，还要习惯于追问。

接纳是对现实的理解，是与自我的和解。但如果不追问，不建立元认知（即主体对自己认知活动的认知与监控），这种接纳就很可能是表面的、暂时的、不稳定的。

许多人是不习惯追问的。我们常挂在嘴边的是妈妈怎么说，老师怎么说，书里怎么说，总之别人怎么说我们就怎么做，从来不问为什么。如此一来，我们的头脑便只是承载知识的容器，而不是产生知识的源头。

对于很多事物，如果我们不追问、不探究，只是知其然而不知其所以然，是无法了解其本质的。在追问中培养自己独立思考的能力，在思考中逐渐捋清自己的人生观、世界观、价值观，便能获得安宁。在我看来，最底层的安宁，取决于理性的知识结构和恒定的三观，而不是取决于浅层的自我催眠。

不仅要向外追问，也要向内追问。

最近我在读《美的历程》，这是李泽厚先生写的关于中国美学的经典之作。我认为它是研究传统文化最应该精读的一本著作。当我自己陷入历史方面的知识盲区，看不明白的时候，我读着读着就放弃了。于是，我开始向内追问。我不再纠结于自己智商不行、学识不够，而是问自己，为什么我学习总是深入不下去？是因为我有投机心，总想快速得到成果。为什么会有投机心态？是因为以往即使我读得不深入，不透彻，也会有人给我体谅。而现在，如果我的专业能力没有实质性的提升，还会有人体谅我吗？答案是不会。所以我不能怪时间不够、环境不好，读不下去是因为自己的投机心在作祟。想明白这个，我便不再追求读快书，不再幻想知识上的"一夜暴富"，而是去补课，重学历史之后再往下读。

在向内追问的过程中，我也越来越认识并接受自己。

最近我的合伙人出现了一些问题，他的工作效率越来越低，短视频账号的运营也一直没有明显进展。我没有去指责，而是给予理解，表达了感恩，然后与他终止了合作。这是我第二次在合作问题上没取得成果，不但消耗了彼此的时间，也辜负了对方的诚意。我追问自己，为什么两次掉进同一个坑里？事实上，每次在我的事业急需发展时，我一直习惯于找到支持我的资金和人手，这是一种依赖心理，但同时我并不具备这种对合作者的评估能力和对市场的判断能力。既然这样，我为什么不把项目降级、再降级，让事情简单、再简单，从而在没有合伙人的情况下，靠自己主导来完成呢？

在向内追问、向内看的过程中，我发现投机心、依赖心都有违我底层的价值观，我只有克服这种心态，回归到自己力所能及的范围，才会不再患得患失、眼高手低，我的内心才是安宁的。

永不磨灭的希望

有存在就有希望，有希望便有光明。

我曾经多次被追问一个问题：在人生最艰难的时刻，是什么支撑你一路走出来的？是原始的生存欲望，还是对责任的担当？以前只顾赶路，来不及思考。这并不是一个很好回答的问题，我试着去回忆，回到当时的处境以及每一个决定背后的动因。概括来讲，是因为内心深处对美好事物的追求和对未来的积极预期，也就是对美好生活的向往，以及对自己足够的信任。相信未来，相信自己，相信我活着，一定是有价值的。

我发现，自己不服输的性格是从小就有的。

记得上初中的时候，有一天在学校遇到一位老师，我们闲聊了几句。她说："小刘啊，你和二班的静静、三班的蕾蕾是表姐妹关系吧？"我说："是的。"她说："你看她们两姊妹穿的衣服好漂亮，人也长得很好看哟。"我说："嗯，是的。"她说完就走了。她或许说者无意，我却听者有心，难过了好几天。我知道我的家庭条件没有表姐表妹家优越，但是我没有走向自怨自艾，而是更加勤奋地学习，从那以后，我常常五点半就起床，自己到教室点上蜡烛学习。我心想，我一定要考出好成绩，将来凭自己的本事，创造出好的生活条件，因为我值得，我一定做得到。结果中考的时候，我的成绩超越了家庭条件比我好的表姐妹，考入了省重点高中。这段经历让我收获了成功，自信心越来越强。

失去双臂后，十八岁那年，一个记者问我："你对恋爱和婚姻有什么期待吗？"说实话，在那种情况下，这个问题正好戳到我的痛点，当时的我是消极和自卑的，一个连生活都不能自理的人，配谈恋爱和婚姻吗？我确实想过这个问题，当时只得到一个答案，就是悬了，这辈子能找到相爱的人估计很难。这是我心中的真实答案。可是，当记者问到我的那一刻，奇怪的事情发生了，本我像个胆小鬼竟开不了口，超我站出来替本我说了话，我听见"她"平静地对记者说："我相信，总会有人欣赏我的。"我觉得这个回答很有意思，当超我占了上风，自我马上就心领神会，开始调整状态，高度自律，奋发图强，克服重重困难，写书法，上大学……结果一路走来，我从不缺少追求者，在我二十四岁之前，那些来追求我的，我都没有给过他们时间和机会。直到程教官闯入我的生活，我与相爱的人恋爱、结婚，生活在了一起。我想这不是运气好，而是必然结果，因为我内心的信念和付出的行动早晚会得到这个结果。

希望不是奇思妙想，它是基于个人对未来目标的预期和愿景，是一种内在的力量。

我常给我的学生说，什么叫命运始终掌握在自己的手中？就是你想成为什么样的人，过什么样的生活，你

▲我有一双隐形的翅膀

心中有清晰的样子，有清晰的目标与愿景，你对自己能达到的高度深信不疑，为此不断地去努力，直到看到结果。

我总是有很多的想法，实现了一个目标或者一个心愿之后，立马又有新的目标或心愿。如果说人生是一段旅程，我很享受这一路前进的感觉，我不愿因为风景而停留，而是更期待下一处的惊喜。是的，我喜欢冒险，喜欢挑战，喜欢探索未知，喜欢永远在路上。所以，我心中总是不断产生新的希望。

从不消失的勇敢

勇气不是没有恐惧，而是克服恐惧、战胜恐惧。

母亲到现在还跟我和弟弟的孩子们讲，我上幼儿园时的一个小故事。我完全不记得了，母亲也是通过幼儿园老师知道的。她说五岁的我有一天在幼儿园的课堂上，老师正在讲课，我突然站起来，大声对老师说："老师，昨天晚上我妈妈给我生了一个弟弟！"老师愕然，教室里顿时炸开了锅……听了这个小故事，大家都当一个笑话，一笑了之。而在我看来，那时的我就是有勇气的。

在我上小学的时候，班里有个男生很霸道，个子高、力气大，最重要的是，他不太爱学习，喜欢打架捣乱，几乎所有的同学都被他欺负过，大家没有办法，纷纷告到老师那里去。有一天上课，老师就把那个同学叫到讲台上，告诉同学们："今天还给大家一个公道，站在讲台上的这个人，他平时怎么打你们的，你们一个一个地上来以牙还牙，也让他体验一下，看他以后还敢不敢欺负其他同学。"教室里一下子安静下来，大家对老师的安排感到惊讶。台上那个凶巴巴又愤怒的人，此时正恶狠狠地瞪着大家。大家都屏住呼吸，很多同学开始紧张和害怕。虽然有班主任撑腰，大家还是很犹豫，不见有人敢上去。我也很犹豫，但几秒钟过后，我勇敢地走上讲台，像他之前对我那样，用力地推了他一把。后来发现全班三十五个人，竟只有我一个人敢上台为自己讨回公道。我已经记不起来自己当时是怎么想的，不过从那以后，倒再也没有人欺负我了。

现在想起来，其实也挺好笑的。我的勇敢，看来也不是失去双臂后才有的，或者换句话说，我的勇敢，并没有因为我失去了双臂而减退甚至消失。

在我看来，勇气是勇敢的内在基础。勇气是敢作敢为、毫不畏惧的气概，是内心的坚定和决心，是对恐惧、困难的抵抗和克服；勇敢则是勇气在实际行动中的具体体现，是不怕危险和困难的精神和行为。

勇气总是伴随乐观和自信同时存在的。

我的父亲是个沉默寡言的人，家里人总认为他比较消极。自从我跟着母亲走出家门去赶集，我就喜欢去赶集了，因为街上热闹啊，人山人海，摩肩接踵，更重要的可以买到好吃的，看到五花八门的商品。有一天，赶集的时候父亲叫我，说："春儿，我们去赶集吧，你三岁的时候赶集差点儿走丢一次，现在多好啊，你这与众不同的特征，我老远就能在人群中找到你，再也不怕你走丢了。"说完，我们全家都哈哈大笑起来。看来，没有双臂也是有好处的，而且好处肯定不止这一个！乐观，是我们一家人的底色，所以，即使在贫穷又遭受巨大打击的日子里，我们也没有互相指责和埋怨，而是抱成一团，奋力向前。

　　自信来自哪里呢？有一个数据说，70%的人都缺乏自信。而在比较中长大的孩子往往内心自卑，缺乏自信。有些父母总是拿孩子和班里的第一名比，和亲戚家的孩子比，和邻居家的比，和网络报道的比。久而久之，孩子长时间得不到肯定，就感觉自己总是达不到父母的要求，以为父母会因此嫌弃或者不爱自己，导致丧失自我价值感，总是担心自己做不到、做不好。而在人际交往中，这些孩子也不敢提出自己的真实需求，不敢发泄压抑的情绪，不敢表达不同的意见，因为他们没有那份勇气和自信。

　　我比较幸运，从小我的父母就没有拿我去和别人比，我在一个物质上匮乏但精神上宽松的家庭里自由生长，家里允许不完美的存在，所以我就生出来了一种敢说敢干的"傻气"——勇气。同时，父母无条件的爱以及对我的珍视，让我相信自己是有价值的。童年获得的这种勇气和自信，以及极高的自我价值感，让我在失去双臂后，在面对一次次的挫折和打击时，最终都能生出力量和勇气去做正面的抉择：选择活下去是勇气；挺起无臂之躯走在人群中是勇气；去成都是勇气；去北京是勇气；来青岛定居、结婚、生孩子都需要很大的勇气！而凭借勇气闯过来的人生经历，淬炼出了我的人格品质——勇敢。初生牛犊不怕虎的勇敢，最多是无知者无畏，而一路跌跌撞撞走来的如今四十岁的我，依然对生活充满信心、乐观向上、敢于挑战，这应该就是勇敢的品质吧？是的，毫不谦虚地说，我很勇敢！

对于在生活中缺少勇气和自信的人，我有一些方法分享给大家。

一是接受失败。了解人的局限性，认识到自己的优点也接纳自己的平庸或缺点。如果失败了，对自己说："我在这个地方做不到不要紧，尽力了就好，我一定在其他地方有优势。"

二是分解目标。将大目标分解成一系列更小的、更易达成的小目标。完成这些小目标会带来成就感，从而提升自信心。

三是肯定自己。对自己说"我有能力完成这个任务"或"我是有价值的"，通过重复积极的话语来提高自信心，不能只是单纯地等待其他人的肯定。

四是不断学习。见多识广的人往往处变不惊。提高认知和丰富学识，可以使我们在面对工作和生活中的困难时，有更多的底气。

第十七章
女人的底气

清醒而温暖，柔软而坚定，包容而智慧，是女人最好的底色。

生命之车的四条轮胎

从出生那一刻起，我们就开始了在地球上的"流浪"。首先有父母、兄弟姐妹等亲人的陪伴，后来有同学、老师、朋友、爱人、孩子的陪伴……我们的圈子越来越大，生活越来越丰富，关系越来越复杂。我们就像驾驶员，驾驶着生命之车驰骋在人生这片辽阔的旷野中，去迎接旅途中的未知与挑战。

回望自己走过的路，我庆幸自己找到了生命之车的四条轮胎，它们使我在每一个重要节点上，都能有力量向前一步。这四条轮胎就是意义感、使命感、责任感和节奏感。

第一条轮胎是意义感。活着就要有意义，或愉悦自己，或有益于他人、有益于社会。我们来世上一趟，要找到这个意义，才敢说"人间值得"。

第二条轮胎是使命感。我觉得我的使命就是站上讲台，点燃更多的人。如果你觉得自己的力量不够，那就去寻找更大的能量池，投身更伟大的事业，和更多的伙伴一起工作。在这个过程中，你就会更加清晰自己的使命。

第三条轮胎是责任感。要培养自己强烈的责任感。对我而言，我要承担作为女儿、作为母亲的责任，更重要的是要有作为一个师者、一个女性榜样的责任感。

第四条轮胎是节奏感。从每一天、每一个月、每一个季度、每一年的计划和行动中，找到属于自己的节奏感。一件又一件的工作落实好，一个又一个目标的实现，这种流畅、连贯的节奏感，会让人有掌控全局的体验。

在这个瞬息万变的时代，我们更需要深度的思考、清醒的取舍，以及有效的努力。无论社会大环境怎样，我们要握紧方向盘，驾驶好生命之车，找到最适合自己的那个位置。要相信："生命周期性的暗潮只是暂时的，你正在死去，但也将迎来重生。"

女人的底色

我收获了生命之车的四条轮胎，拥有永不磨灭的希望，一直都是一个勇敢的人，我还想尝试为自己确立几个关键词，作为自己的精神导向，期望它们能带领我去到未来我想到达的地方。

清醒。清醒的女人知道自己的价值所在，不会轻易被外界的干扰所迷惑。很多时候，我们习惯于凭感觉行事，却忘记了深思熟虑和清醒的思考。我亦是如此，时常在未经深入思考之前便匆忙投入行动，结果进展不顺，甚至陷入困境。然而，正是这些挫折让我逐渐认识到，在做决策时应当更加清醒地看清现状，考虑清楚自己的行为可能产生的后续影响等。只有这样，我们才能避免自己陷入不必要的困境，更好地应对生活中的各种挑战。

柔软。柔软的女人更有力量。在人生的道路上，我们时常会遭遇风雨，但真正的力量并非来自坚硬，而是来自柔软。尤其对女人而言，看起来柔软如水，却能水滴石穿。这些年来，我在玫瑰基金中结识了许多姐妹，她们用柔软的力量，逐渐改变了自己和周围的世界。她们教会我，真正的魅力绝不来自张牙舞爪、剑拔弩张，而是来自谦卑自持、温润圆通。

开放。开放的女人能看到更广阔的天地。一个开放的人，不仅具有包容性和宽容性，能够接纳不同性格和背景的人，还能够尊重不同文化。以开放的态度去理解和应对社会中的变化和挑战，能让我们更好地适应环境，把握机遇。

智慧。智慧的女人魅力四射。随着我们认知的不断提高，对自己和周围的关系越来越了解，我们的言行举止自然会透露出智慧。智慧并非刻意为之，而是源于内心的平和与洞察。一个智慧的女人，不仅能让别人感到舒服，也能让自己在纷繁复杂的世界中保持自在。

一个清醒而温暖、柔软而坚定、包容而智慧的女人，不仅展现了最佳的自我，也拥有了最坚实的内心支撑。这样的底色，才能让我们在生活和工作中都能散发出由内而外的自信和从容，游刃有余地面对各种挑战。

在这些底色之上，我们要不断提高认知和丰富内心。在我看来，女人最大的底气来自认知的进步，而不是金钱或名望。

生命的"五感"

我曾想过这样一个问题：现代女性最好的精神状态是什么？

我觉得很难回答，一是因为自己不够资格，没有这个专业能力给出答案；二是因为，不同的群体，不同的阶段，不一样的生存空间，观点都有不同，我们其实找不到统一的答案。但是，我所欣赏和敬佩的女性群体，她们用鲜活的表现告诉我，当我们开始为人妻、为人母，有了事业、目标，有了一些生命的沉淀之后，拥有这"五感"，就是一种比较圆满的生命状态。我也常用这"五感"来检验自己，找差距，树目标。

一是信念感。我的信念感是在苦难里成长出来的一种坚定。我相信生命在，价值就在。

二是价值感。作为一位师者、书法家、公益人，我能用自己的精神力量影响他人，用我的专业能力辅导学生，我便拥有了价值感。被家庭需要，被父母需要，被身边亲朋好友需要，同样也让我拥有了价值感。

三是幸福感。看到一朵花就感到

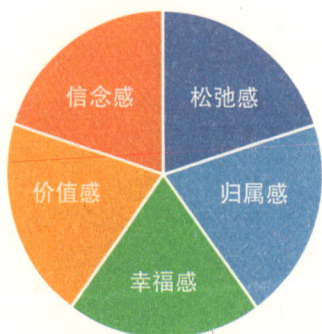

▲生命的"五感"

236

欣喜，看到一张笑脸就觉得温暖，看到孩子就觉得满足，看到父母就觉得安心，我愿意做这样一个幸福感爆棚的"傻"女人。

四是归属感。我庆幸自己找到了玫瑰联盟这样一个女性社群，那里不仅有我的榜样，也有我的闺蜜、我的伙伴。人的一生都在寻找同类，我找到了社会中的归属感。我的家庭和谐而温暖，也让我拥有了家庭归属感。

五是松弛感。看到那些自信、从容、不焦虑、不慌张，以自己的节奏始终向前的姐妹，就觉得自己还需要好好修炼。我已经开始了第一步，情绪的稳定、内心的宁静是良好的开端。

人生没有完美的路，但已经走了那么久，那条刻着我们脚印的路线图就是我们独有的风景线。思考过，审视过，感受过，成长过，接下来，我希望能用一生完成这幅"值得一过"的精神拼图。

心灵花园

这是我对自己最真诚，也是最勇敢的一次对话。

开始的时候，我很怕把这本书写成一本自传。我不觉得自己的故事有多大分量，我既不是名人，也不是才女，讲起来既不会很有趣，也做不到荡气回肠。我想，既然希望它成为女性成长的精神读本，重要的不是故事怎么讲，而是能给读者带来什么价值。如果没有功能性，故事讲一千遍，也不过是自我的情绪反刍。我想，格局一定要够大，在朋友的帮助下，我做了一份大气磅礴、独具一格的目录，拉开架势，试图展开天高云阔的精彩叙事。然而，我实在是眼高手低，自己能力达不到，故事一讲，回忆的闸门一开，时间线就被打散了。我想，干脆，不讲什么手法了，就保持真诚吧！

这些年我一直在坚持学习，因为非常清楚自己认知的不足，只能是笨鸟不停地飞，才能有资格对我的学生，以及那些以我为榜样的朋友们指点一二。在解构和梳理了自己的重生过程之后，我将自我发展的一些经验和方法分享出来，也是希望能与奋斗中的读者共勉，尤其是那些准备或已经组建家庭、生儿育女的女性朋友们，如果能够从中得到些许启发，则于愿足矣。

四十岁，我虽无所成，但总算对自己、对家庭、对社会有所交代；四十岁，我走了那么远的路，是时候做一次自我整顿，想明白过往，看清楚未来；四十岁，我明白了该放下地放下，该拿起地拿起，让奔流的奔流，让落定的落定。

回过头来，如果要问我几十年来最大的所得，那就是，我看见了那片属于自己的精神家园。那里，是我的起点，也是我的彼岸。

前天去一个村子看望一位朋友，她的家里有一块木牌，上面刻着"若菩花园"。这块木牌，是五年之前我和程教官共同制作的。那时候女儿一岁多，我们刚刚开始酝酿"若菩花园"这个品牌，我也刚刚开始学会追问从哪里来、到哪里去这样最简单的问题。我想了很久，用宣纸写了字，再由程教官把字拓在木板上，一点一点地雕刻、上色，挂在了后花园的门框上。后来房子租期到了，木牌被朋友拿去暂存，但我知道，终有一天，我会把它重新挂起，因为，心灵上的那个家园，一直在。

愿每个人都能找到自己的精神家园。为了去到那里，让我们努力而真诚地活着吧。

尚秋

2024 年 2 月于青岛

图书在版编目（CIP）数据

剥夺与馈赠 / 尚秋著. — 青岛：青岛出版社，
2024.4

ISBN 978-7-5736-2118-4

Ⅰ.①剥… Ⅱ.①尚… Ⅲ.①女性－成功心理－通俗
读物 Ⅳ.①B848.4-49

中国国家版本馆CIP数据核字(2024)第066633号

		boduo yu kuizeng
书　　名	**剥夺与馈赠**	
著　　者	尚　秋	
顾　　问	高艳艳	
出版发行	青岛出版社	
社　　址	青岛市崂山区海尔路182号（266061）	
本社网址	http://www.qdpub.com	
邮购电话	0532- 68068091	
策划编辑	周鸿媛　王　宁	
责任编辑	孔晓南	
特约编辑	郭　坤　国馨月	
封面设计	文俊丨1204设计工作室（北京）	
制　　版	青岛千叶枫创意设计有限公司	
印　　刷	青岛海蓝印刷有限责任公司	
出版日期	2024年4月第1版　2024年4月第1次印刷	
开　　本	32开（889毫米×1194毫米）	
印　　张	8	
字　　数	150千	
书　　号	ISBN 978-7-5736-2118-4	
定　　价	58.00元	

编校印装质量、盗版监督服务电话：4006532017　0532-68068050